# 中國家庭金融研究

張志偉 著

財經錢線

# 前　言

　　21世紀以來，中國經濟取得了輝煌的成就，成為世界第二大經濟體、第一大貿易國，並擁有大規模的外匯儲備等；隨著國家的日益強大，居民收入以及財富水平也在逐漸提高，消費重點從20年前的家電日用品升級為住房改善、家用轎車、跨國旅遊等。隨著財富水平的逐漸提高，20年前以儲蓄為主要方式的家庭財富安排模式，已經不能適應當前中國家庭的需求。中國家庭日益增加的財富累積需要更多的優質資產進行合理的配置選擇。

　　另外，布雷頓森林體系解體以來，各國貨幣不再與美元掛鈎，各主要國家在貨幣供給選擇方面更加自主，主流的經濟學理論也倡導以適度寬鬆的貨幣政策來刺激經濟增長。在這樣的背景下，世界主要貨幣體系都呈現出一種適度通脹的特點，這也給家庭的金融資產管理帶來了外部的壓力，即居民家庭資產保值增值的需求提升了。

　　近年來，中國提出要增加居民的財產性收入，也就是說要讓居民的財產力爭獲得更好的收益。居民的財產包括金融資產以及以房地產為主要形式的有形資產，如何讓這部分資產獲得更好的收益，既是國家對居民生活水平提升的一種關心，也是居民百姓自身的強烈需求。

　　在這樣的背景下，傳統的存款、買房等簡單的投資方式，逐漸不能滿足現實的需求，而複雜的金融產品理解起來有一定的難度，那麼如何幫助普通居民家庭提高資產配置能力，使居民家庭資產獲得更安全、合理、有效的配置，就是理論與實務都須重點研究的課題。本書力爭在這一角度上有所突破，使居民家庭在提升自身資產配置能力、合理配置資產等方面獲得一定的幫助。

　　家庭作為社會經濟活動的基本單位，其經濟行為影響著社會經濟活動的各個方面。而家庭金融作為金融學新興的分支學科，關注的重點在於家庭資產的結構、負債和信貸約束、社會保險保障等，其重要性也日益顯現。伴隨著製度變遷和經濟轉型，中國家庭的資產規模得以擴大，對金融市場參與的程度得以

加深，但當前中國家庭也面臨著諸如高儲蓄率、金融市場參與不足、房產占比過高等一系列問題。政府在解決這些問題上也做了很多努力，為了調控房價，先後採取了限購、限貸等一系列調控政策，但效果並不如預期，家庭對房產投資超配的狀況並沒有得到顯著改善；在資本市場改革方面，儘管政府出台了多項政策，意在保護中小投資者參與金融市場的積極性，但是股票市場仍然缺少財富效應，家庭對金融市場的參與不足。另外，過度預期和其他非理性因素讓家庭對資產的風險關注不足，在一定程度上忽視了自身的承受能力，錯配一部分資產。本書利用家庭層面的微觀數據庫（CHFS）對中國家庭金融的現狀和成因進行了系統的分析，並對未來家庭金融演變的趨勢進行了展望。這一方面為國家制定具有針對性的宏觀經濟和金融政策提供必要的依據，增加政策實施的有效性和針對性；另一方面幫助微觀家庭認識到目前家庭在資產配置方面的不足，從而根據自身的需求和資產的風險收益特徵，制定出符合家庭自身特點的資產組合。

本書以家庭金融調查數據以及各種宏觀經濟數據為基礎，運用理論分析、比較分析、實證分析等多種分析手段，探求中國家庭金融的特點及變化趨勢，在對理論模型進行進一步的細化完善的基礎上，對家庭金融所包含的多個方面進行了大量的實證研究分析，力圖從更多的角度完善家庭金融各個方面的研究。本書對中國家庭金融中所涉及的資產投資配置、負債選擇安排以及家庭如何選擇自己的保障方式等各個方面都進行了較為詳細的理論與實證研究。在實證分析方面，本書力求使用更新、更全面的數據，更適合的模型，對中國家庭金融涉及的各個方面進行更詳盡的分析研究，以獲得對中國家庭金融所包含的各個方面的一個總體的框架下的分析，使分析結果更接近於目前中國家庭金融所包含的各個方面的實際情況，並根據政策的演變情況以更合理的分析闡述了中國家庭金融的變化情況，進一步預測未來可能的變化趨勢。

本書由導論和八個章節組成，導論部分主要闡明了本書的選題背景、目的及意義，對中國家庭金融的相關文獻進行了梳理，設計了本書的研究框架，擬定了本書的研究思路及方法，歸納了本書的創新觀點及不足。

第一章界定了本書使用的相關概念，明確了家庭金融的涵蓋範圍及其特點。

第二章分析了美國、歐洲國家、韓國、日本的家庭金融的特點，並對它們進行了跨國比較，為下文研究中國家庭金融的特點提供了比較的基準。

第三章闡明了中國家庭發展的現狀以及目前存在的問題，重點分析了家庭儲蓄率過高、家庭對金融市場參與度不足、家庭資產結構中對房地產資產的超

配三個突出存在的問題。

在第四章中，我們利用微觀調查的家庭數據，按照財富的多少，將家庭劃分為最高財富群組、中等財富群組和最低財富群組。在闡述各個群組目前資產結構現狀的基礎上，我們同時分析了各個群組家庭資產結構和金融資產結構，並對中國家庭資產結構的演變趨勢進行展望。

第五章主要分析了中國家庭負債的情況，考察了當前家庭負債的現狀和結構，並對家庭負債的影響因素進行了實證分析，同時探究了信貸約束對城鎮和農村居民融資的影響。

第六章首先界定了家庭面臨的各種風險，並分析了居民參與社會保障的現狀，建立計量模型考察了居民商業保險參與決策的影響因素，同時我們展望了中國社會保障和商業保險的發展和未來趨勢。

第七章則探究了金融宏觀調控和家庭金融的關係，實證考察了 M2/GDP（即廣義貨幣與國內生產總值的比值）對房地產占比的影響，並展望了金融宏觀調控下一步的方向。

第八章總結了本書的研究結論。這些結論包括以下幾個方面：隨著金融市場的發展和居民金融參與意識的提高，中國家庭金融一直保持著穩步發展的態勢。對當前中國家庭金融中的資產結構而言，不同財富群組家庭在家庭資產配置時所受到的外界的影響因素的重要性是不同的。收入越高的家庭，金融市場參與的深度和廣度也就越大。由於當前的資本市場仍然存在諸多問題，股票市場的走勢受到多重因素的影響，投資證券市場需要豐富的專業知識，因此普通家庭不宜大量直接投資於證券市場。在對家庭負債的考察中，我們發現家庭借貸中最多的情況是投資房產而形成負債，而根據我們的信貸約束模型，目前存在不少居民家庭對房地產資產超配的現象。家庭保險保障在家庭風險防控中發揮著重要作用，購買商業保險則是家庭出於自身風險防控的自發行為。我們發現家庭收入是目前影響城鎮居民購買商業保險的重要因素，所以隨著居民收入的進一步增加，購買商業保險的行為也會變得更加普遍。其次，我們結合當前中國家庭金融的現狀分別對家庭和政府提出了針對性的意見和建議，即家庭應該全面考量資產的風險收益特徵，並結合自身的承受能力進行資產的選擇。政府則一方面需要大力推廣普惠金融，增加金融產品的供給，培育金融市場，增強股票市場的財富效應；另一方面也需要調控房地產過快上漲的預期，改善居民房地產超配的現狀。

張志偉

# 目　錄

**0　導論** / 1
    **0.1** 研究背景 / 1
    **0.2** 文獻綜述 / 2
        0.2.1　國外學者的研究成果 / 2
        0.2.2　國內學者的研究成果 / 8
        0.2.3　對已有研究的評述 / 11
    **0.3** 研究框架 / 11
    **0.4** 研究的思路和方法 / 14
    **0.5** 本書的創新及不足 / 15

**1　相關概念的界定** / 17
    **1.1** 相關概念的界定 / 17
        1.1.1　家庭金融 / 18
        1.1.2　家庭財富、家庭資產、家庭財產 / 18
        1.1.3　家庭金融資產與家庭非金融資產 / 19
        1.1.4　家庭負債 / 20
    **1.2** 家庭金融的涵蓋範圍及其特點 / 20
        1.2.1　家庭金融的涵蓋範圍 / 20
        1.2.2　家庭金融的特點 / 21

**2　家庭金融的國際比較** / 22
    **2.1** 美國以及歐洲國家家庭金融的特點 / 22

    2.1.1 美國家庭金融的特點 / 22

    2.1.2 歐洲國家家庭金融的特點 / 27

  2.2 日本以及韓國家庭金融的特點 / 29

    2.2.1 日本家庭金融的特點 / 29

    2.2.2 韓國家庭金融的特點 / 31

  2.3 歐美、日韓家庭金融的異同比較 / 33

**3 中國家庭金融發展的現狀及存在的問題 / 34**

  3.1 中國家庭金融發展的現狀 / 34

    3.1.1 家庭部門流量資產的發展現狀 / 35

    3.1.2 家庭部門流量資產結構變遷的實證分析 / 37

  3.2 中國家庭金融中存在的問題 / 45

    3.2.1 家庭儲蓄率過高 / 45

    3.2.2 家庭對金融市場的參與不足 / 46

    3.2.3 家庭資產結構中對房產的超配 / 49

  3.3 小結 / 51

**4 中國家庭金融中的居民資產結構分類及其特點 / 53**

  4.1 最低財富群組家庭資產結構的特點 / 55

    4.1.1 最低財富群組家庭資產配置概述 / 55

    4.1.2 最低財富群組家庭資產結構分析 / 57

    4.1.3 最低財富群組家庭金融資產結構分析 / 63

    4.1.4 最低財富群組家庭資產配置方式的啟示 / 67

  4.2 中等財富群組家庭資產結構的特點 / 68

    4.2.1 中等財富群組家庭資產配置概述 / 69

    4.2.2 中等財富群組家庭資產結構分析 / 70

    4.2.3 中等財富群組家庭金融資產結構分析 / 74

    4.2.4 中等財富群組家庭資產配置方式的啟示 / 78

  4.3 最高財富群組家庭資產結構的特點 / 79

    4.3.1 最高財富群組家庭資產配置概述 / 80

  4.3.2 最高財富群組家庭資產結構分析 / 81

  4.3.3 最高財富群組家庭金融資產結構分析 / 85

  4.3.4 最高財富群組家庭資產配置方式的啟示 / 87

 4.4 家庭金融下資產結構的演變趨勢 / 88

# 5 中國家庭金融中的居民負債分析 / 92

 5.1 中國家庭負債現狀 / 92

  5.1.1 中國家庭負債的種類 / 93

  5.1.2 家庭負債融資的渠道 / 95

 5.2 中國家庭負債結構分析 / 96

  5.2.1 消費負債 / 97

  5.2.2 投資負債 / 98

  5.2.3 影響家庭負債的因素 / 99

 5.3 中國家庭負債的實證研究 / 100

  5.3.1 變量設定和計量模型 / 100

  5.3.2 實證結果分析 / 101

 5.4 信貸約束對家庭融資行為的影響 / 104

  5.4.1 信貸約束對城鎮居民融資的影響研究 / 105

  5.4.2 信貸約束對農村居民融資的影響研究 / 107

 5.5 小結 / 110

# 6 中國家庭金融中的居民保險保障分析 / 112

 6.1 家庭風險的識別與控製 / 112

  6.1.1 家庭風險的類別 / 112

  6.1.2 家庭參與民間借貸面臨的風險 / 113

  6.1.3 家庭房產投資面臨的風險 / 114

  6.1.4 家庭面對的其他投融資風險 / 115

 6.2 中國家庭參與社會保障的現狀 / 116

  6.2.1 社會養老保險及企業年金 / 117

  6.2.2 醫療保險 / 118

    6.3 家庭商業保險參與決策研究 / 119

        6.3.1 變量設定和計量模型建立 / 119

        6.3.2 實證結果分析 / 121

    6.4 中國社會保障和商業保險的發展與未來趨勢 / 124

    6.5 小結 / 126

# 7 金融宏觀調控和家庭金融的相關性研究 / 127

    7.1 金融宏觀調控政策的變遷對家庭金融的影響 / 127

        7.1.1 貨幣政策和財政政策 / 127

        7.1.2 金融體系的發展 / 129

    7.2 金融宏觀調控對家庭金融影響的分析 / 132

    7.3 金融宏觀調控政策下一步的方向 / 135

        7.3.1 金融市場監管和貨幣信貸政策 / 136

        7.3.2 社會保障和財政政策 / 138

# 8 結論及政策建議 / 140

    8.1 結論 / 140

    8.2 政策建議 / 142

參考文獻 / 145

後 記 / 153

# 0 導論

## 0.1 研究背景

社會進步、經濟發展是人類發展史的永恆主題,自從人類進入文明時代,社會進步與經濟發展就是一個螺旋前進的過程。尤其是近三百年來,伴隨著科學技術的快速進步,經濟發展呈現出更快的速度。

中國經歷了近代史上閉關鎖國的故步自封,以及各國列強的強取豪奪的快速衰落後,新中國成立以後,尤其是 20 世紀 70 年代末的改革開放以來,中國經歷了飛速的經濟發展的階段,國內生產總值規模達到了世界第二位的水平,人民財富也在迅速增長,從 1978 年居民家庭資產的 380.2 億元,增加到了目前的 50 多萬億元,增長了千餘倍。

然而,經濟增長的進程也不是一帆風順的,這期間世界經濟也經歷了不同程度的波折,甚至短暫的收縮,世界經濟一直在波折中前進。

2008 年以來,世界經濟正在經歷著自 20 世紀 30 年代大蕭條以後的最嚴重的經濟危機,世界的每一個角落幾乎都受到了這次危機的衝擊。中國作為世界第二大經濟體,在這個聯繫緊密的全球經濟中,自然也經受了危機的衝擊。

中國 30 多年來經濟飛速增長的同時,伴隨著資源大量低效率消耗、產業結構不合理、過度依靠投資拉動、消費不足、收入差距加大等問題。而這次世界經濟危機的衝擊,也預示著過度依靠投資拉動、依賴出口的經濟增長方式已經不可持續。轉變經濟增長方式、優化產業結構、縮小收入差距等問題日益嚴峻地擺在了我們面前。

經濟增長的最終目的是增加居民家庭的福利,包括增加居民家庭的收入,擴大其財富,使其更大限度地滿足其消費等方面的需求,而國家也在這個過程中經濟不斷壯大,市場結構不斷優化。這是一個相互促進的過程,而從基本經濟單元的需求角度出發進行研究,不僅可以優化家庭的經濟安排,也從總體上

促進了整個市場經濟的發展，對優化產業結構、轉變經濟增長方式都具有一定的意義。因此，通過對家庭金融的考察，政府也能夠制定更有針對性的宏觀經濟和金融政策。

從微觀家庭的角度來講，當前中國家庭在金融安排上，依然存在如存款等資產配置偏高，房地產投資方面存在盲目投資現象，在沒有一定的專業基礎的情況下盲目進行股票證券投資，以及對風險偏大的民間借貸的投資方面一些家庭也沒有很好地控製投資風險的大比例投資的現象。這些現象的存在都是不合理的家庭金融安排所導致的後果。在這種情況下，需要對居民家庭金融安排的合理性給予一定的分析建議，以幫助其更好地釐清家庭金融的各項安排中有哪些不合理之處，從而更好地優化家庭的資產負債安排，提高家庭的生活水平。

## 0.2 文獻綜述

家庭金融方面的研究，Campbell 2006 年在就任美國金融學會主席時專門就家庭金融做了一個主題演講，闡明了家庭金融的本質就是家庭使用金融工具來達到自己的目標。以此為一個標誌性事件，之後家庭金融的研究開始不斷增多，然而由於家庭金融發展的歷史原因及數據可得性的限制等，相對於其他快速發展的金融實務領域，這方面的研究顯得相對落後，學術界對於加強這方面的研究顯得特別迫切。

然而，關於家庭金融相關方面的研究，學術界其實在很早就有所涉及，從早期的消費-儲蓄理論，到後來的現代投資組合選擇理論，這些研究其實可以說是比較早的涉及了家庭金融方面的一些內容。

而狹義的家庭金融方面的研究，在起始階段比較多的是家庭金融資產選擇方面的研究，包括了家庭金融資產選擇的影響因素研究、家庭金融資產選擇行為研究等。下面我們首先回顧一下國外學者的一些研究成果。

### 0.2.1 國外學者的研究成果

廣義的家庭金融的研究包含的內容相當廣泛，從最初的家庭決定自己在儲蓄、投資和消費方面的分配，到如何安排各類投資，到是否融資去支撐投資或者消費，涵蓋範圍很廣。而凱恩斯的消費儲蓄理論這篇比較早期的論述，就系統地談及了家庭應該如何分配當期的消費以及儲蓄。

在新古典經濟學對經濟人的消費儲蓄選擇行為研究中，凱恩斯在其著作中論述了經濟人是如何對當期收入在儲蓄與消費之間分配的。他認為，人的消費

隨著收入的增加而增長，認為消費與收入之間呈現一條斜率為正的相關曲線。他認為人們持有貨幣的多少是遵循了流動性偏好動機，具體可以分為交易性動機、預防性動機和投機動機。

弗里德曼在其持久收入假說中將收入進一步劃分為持久收入和暫時收入兩個部分。他認為消費不僅是由當期收入決定的，而是和人的長期收入預期聯繫在一起的，經濟人根據其長期收入預期來安排當期的消費。

莫迪利安尼的生命週期假說也進一步認為，人是在整個生命週期中安排其消費和儲蓄的，其會在生命中將工作的部分也即收入相對最高的部分進行儲蓄，在沒有工作時或退休後進行對消費的彌補。

Leland（1968）[1]，在前面理論的基礎上，進一步建立了兩期模型，將不確定性引入了消費函數，進一步證明了儲蓄一方面平滑了整個生命週期中的消費，同時也減弱了不確定事件對生活的衝擊。

在這一階段，經濟學家對於涉及微觀家庭金融方面的研究，僅僅考慮到人們如何安排資金在當期消費與進一步儲蓄之間進行劃分，沒有對儲蓄進行更進一步的分析，如儲蓄是應該用來投資，還是直接進行銀行儲蓄，或者持有現金等，也沒有對涉及消費是不是可能超過儲蓄與當期收入之和從而進行借貸等進一步分析。其原因主要是當時適合家庭投資的品種不多，居民家庭總體的收入不是很高，沒有在廣泛層面上涉及更多的金融投資需求。

從現代投資理論上來看，投資學的起源不是家庭的投資需求，而更多的是公司投資，即公司如何在各種風險資產和無風險資產中安排資金，當然有關投資學方面的研究亦適用於家庭金融方面的研究。

有關投資學資產選擇理論方面的研究早期最主要的兩個代表性理論分別是：20世紀50年代馬克維茨的現代資產選擇理論和20世紀60年代夏普的CAPM模型。

馬克維茨的資產選擇理論表明，一個理性的投資者只關心每種資產的預期收益和實際收益對預期收益的偏離，同時也關注每種資產的預期收益和其他類別資產預期收益之間的協方差。目標是在投資預期回報一定的情況下，投資者應該盡量選擇波動最小的資產組合。

夏普在之前的理論基礎上擴展提出了資本資產定價模型。他認為若所有市場參與者都按照馬克維茨所推理論持有組合，那麼所有參與者將持有同樣的組

---

[1] Leland H E. Saving and uncertainty: The precautionary demand for saving [J]. The Quarterly Journal of Economics, 1968, 82 (3): 465-473.

合，而且包含了市場中所有可以交易的證券。

馬克維茨和夏普的資產組合投資理論只考慮了投資者單期的資產組合，薩繆爾森（1969）、莫頓（1969）將投資組合理論擴展到了多期。

對於家庭金融資產選擇的一系列理論，主要關注於家庭資產選擇的影響因素。研究的目的是發現是哪些因素影響了家庭金融資產項目的選擇或者影響所選不同金融資產的配置比例的因素。

首先最直接關注的就是人力資本或者工資收入對家庭金融資產選擇的影響。莫頓（1971）在模型的討論中加入工資收入的影響，發現理性的投資者會把工資收入作為無風險資產的補充，並在此基礎上進行金融資產的配置。Cocco、Gomes and Maenhout（1997）[1] 研究發現，當前家庭的財富占預期工資收入的比例是影響家庭金融資產選擇的重要影響因素。他們認為，當這一比例在整個生命週期中是不斷變化的話，那麼資產組合的最優配置就不應該是不變的。也就是說，工資收入的不確定性會影響家庭資產的選擇，當家庭面臨較大的工資收入不確定性時，其會降低風險資產（如股票）的持有比例，但工資收入本身對家庭資產配置的影響更大。

其次，研究開始逐漸考慮了不完全市場中的限制性因素。如，Koo（1991）構建了一個無限期的跨期最優模型，研究發現面臨流動性約束的家庭持有風險資產的比例更低，同時其家庭資產配置對工資收入變動的不確定性也更加敏感。

Deaton（1991、1992）在討論了在存在借貸約束的不完全市場下家庭資產配置的影響因素，其發現存在借貸約束時，儲蓄和資產配置對預期收入的變動更加敏感，如果經濟存在長期波動的情況下，那麼理性的經濟人則會持有一定量的無風險資產，從而來減少其受到收入不確定性的影響。

在金融市場參與方面，研究者發現交易成本會影響居民的金融資產配置選擇。Constantinides（1986）[2]、Davis and Norman（1990）[3] 研究了交易成本的變動對居民風險資產選擇的影響。他們認為交易風險性資產的目的在於調整家庭風險資產和無風險資產的比例，然而交易成本的出現降低了家庭對風險資產交

---

[1] Cocco J F, Gomes F J, Maenhout P J. A two-period model of consumption and portfolio choice with incomplete markets [M]. Kath. Univ., Department Economie, Center for Economic Studies, 1997.

[2] Constantinides G M. Capital market equilibrium with transaction costs [J]. The Journal of Political Economy, 1986: 842-862.

[3] Davis M H A, Norman A R. Portfolio selection with transaction costs [J]. Mathematics of Operations Research, 1990, 15 (4): 676-713.

易的頻率，從而也降低了對風險資產的持有。Heaton and Lucas（1997）[1] 發現，交易成本會影響投資人各類資產的配置組合的比例，從而投資者會調整組合來最大限度地降低交易成本。假設投資人不面對交易成本的情況下，很難解釋在最大化其投資效益的目標下為什麼有些投資人會遠離股票市場。Vissing-Jorgensen（2002）[2] 則採用 PSID 數據，分析了一些家庭投資者沒有參與股票市場以及參與股票市場的投資人組合配置存在顯著差異的原因，認為股市中存在的交易成本是影響前述問題的一個重要原因。Cooper and Zhu（2013）[3] 構建了一個生命週期模型，這個模型包含了家庭的偏好、股票市場的參與成本、投資組合的調整成本，闡釋了教育水平對家庭股市參與的影響路徑，其認為教育水平通過平均收入和折現因子兩個因素影響了家庭的市場參與。

Guiso（2008）[4] 研究認為，各國對股票市場缺乏信任的現象是普遍存在的。投資人在購買股票時，多會考慮可能遇到欺騙的風險，而這種訊息不對稱等原因所導致的可能存在欺騙的風險使得對市場信任度低的投資人會更少地願意持有股票，這也是對股票市場的「有限參與之謎」的一個新的解釋。

另外，地區差異、金融可得性以及家庭異質性等原因也是影響家庭金融資產選擇的重要因素。Calvet 等（2007）利用瑞典家庭投資數據，在考慮共同基金持有問題的基礎上，驗證了家庭投資分散化不足的現象。Calvet（2009），進一步利用該數據研究了家庭資產組合調整的問題，當家庭中有受過良好教育的個人時，家庭對於資產組合的分散配置的調整比較積極，但這一現象對於共同基金持有者而言較弱。此外，French K 等（1991）[5]，Seasholes M S（2010）[6] 發現投資人存在區域性偏差，即投資者的投資集中在本國、本地區的投資標的，也是導致家庭資產配置分散性不足的原因。Allen 等（2013）使用肯尼亞的數據考察了家庭距離小額信貸銀行的距離和使用金融服務的關係。

---

[1] Heaton J, Lucas D. Market frictions, savings behavior, and portfolio choice [J]. Macroeconomic Dynamics, 1997, 1（1）: 76-101.
[2] Vissing-Jorgensen A. Limited asset market participation and the elasticity of intertemporal substitution [R]. National Bureau of Economic Research, 2002.
[3] Cooper R, Zhu G. Household finance: Education, permanent income and portfolio choice [R]. National Bureau of Economic Research, 2013.
[4] Guiso L, Sapienza P, Zingales L. Trusting the stock market [J]. the Journal of Finance, 2008, 63（6）: 2557-2600.
[5] French K R, Poterba J M. Investor diversification and international equity markets [R]. National Bureau of Economic Research, 1991.
[6] Seasholes M S, Zhu N. Individual investors and local bias [J]. The Journal of Finance, 2010, 65（5）: 1987-2010.

Martin 等（2013）使用東歐的數據考察同樣的問題時，證實了即使在傳統零售銀行已經覆蓋的區域，小額信貸銀行的出現也增加了居民的金融參與，這種效應在中低收入群體中表現得更為明顯。

家庭消費與儲蓄投資對應，是家庭金融研究的一個重要部分。近年來學者研究了單純的家庭消費、家庭儲蓄，研究了消費信貸方面的問題，也包括像住房這樣既屬於投資也屬於消費的各種與家庭消費決策相關的理論。

消費與儲蓄密切相關，儲蓄包括投資部分是家庭放棄當前的消費，以實現整體財富的跨期配置，從而平滑各期的消費，或者提高整個生命週期的效用。

首先，近年來學者對儲蓄消費的如何分配問題在傳統新古典經濟學家研究的基礎上做了進一步的研究。Carrol（1998）[1] 在量化風險的基礎上，論證了預防性動機在家庭儲蓄與消費的安排方面起了重要作用。Bernheim 等（2003）[2] 研究發現，金融教育對家庭增加儲蓄有正面作用，尤其是對於中低收入者。Jappelli（2007）[3] 研究了義大利家庭儲蓄持續下降的問題，並進一步利用宏觀數據分析了儲蓄持續下降的原因。Karlan 等（2010）[4] 從有限關注角度研究了家庭的儲蓄決策。他認為，提供關於未來家庭的支出方面的提醒訊息，尤其是當這種提醒訊息較為具體時，對於家庭增加儲蓄減少支出的效果較為明顯。

其次，信用卡市場的很多問題，也是近年來學者關注的一個重點。Calem（1994）利用消費者訪談的調研數據，通過實證發現美國的信用卡數據存在黏性現象，並且利率水平高於其他金融市場利率水平。他認為這種現象的發生是由於家庭忽略了信用卡帳戶不平衡時的高利率現象，具體的原因包括高搜索成本、高轉換成本以及非理性因素等。Gross（2002）[5] 利用信用卡市場的數據，研究發現家庭在利用信用卡貸款融資消費的同時，也持有低收益的流動性資產，也就是說家庭在可以及時償還較高成本的信用卡貸款的時候，並沒有及時

---

[1] Garnavich P M, Jha S, Challis P, et al. Supernova limits on the cosmic equation of state [J]. The Astrophysical Journal, 1998, 509 (1): 74.

[2] Bernheim B D, Garrett D M. The effects of financial education in the workplace: evidence from a survey of households [J]. Journal of Public Economics, 2003, 87 (7): 1487–1519.

[3] Guiso L, Jappelli T, Terlizzese D. Saving and capital market imperfections: the italian experience [J]. Scandinavian Journal of Economics, 1992, 94 (2): 197–213.

[4] Karlan D, McConnell M, Mullainathan S, et al. Getting to the top of mind: How reminders increase saving [R]. National Bureau of Economic Research, 2010.

[5] Gross D B, Souleles N S. Do liquidity constraints and interest rates matter for consumer behavior? Evidence from credit card data [J]. The Quarterly Journal of Economics, 2002, 117 (1): 149–185.

地進行償還，他把這樣一種現象稱作「信用卡之謎」。Bogan 等（2004）[1] 同樣論述了這一問題。Zinman 等（2007）[2] 認為「信用卡之謎」這樣一種現象並不代表著市場上存在著套利機會，並從行為金融學角度對這一現象進行了闡釋。Agaiwal 等（2007）利用調研數據分析發現，一般來說家庭偏向選擇事後最小化成本的信用卡合約，然而仍然有大約 40% 的家庭選擇了事後次優的合約，但隨著潛在選擇成本的增加，選擇次優合約的家庭在減少，隨著損失的增加，轉換到最優合約的家庭在增加，說明大部分選擇偏差的成本並不是很高。Telyukova（2013）[3] 從家庭對流動性的需求考察了「信用卡之謎」，認為家庭對流動性的交易和預防需求對於「信用卡之謎」是一個非常顯著的影響因素。

最後，關於家庭住房抵押貸款方面的研究，目前尤其是次貸危機發生前主要集中在住房抵押貸款證券化方面的研究，對於家庭住房貸款決策本身的研究還不多。Campbell 等（2003）[4] 研究了家庭對於固定利率或者浮動利率的貸款合約選擇問題。研究認為，家庭在進行房地產抵押貸款過程中，應該綜合考慮真實利率風險、通貨膨脹風險以及貸款約束等各方面問題來進行最優決策，並進一步認為當家庭面臨貸款約束並且對風險厭惡程度不高時，更偏向於浮動利率貸款。Coulibaly 等（2009）[5] 基於美國消費金融調查數據，實證研究了家庭對住房抵押貸款合約的選擇問題，認為價格因素和可支配性是影響合約選擇的重要問題，同時未來移動期望、收入的波動性以及家庭對所面對的金融風險的態度等問題也是影響家庭選擇何種抵押貸款合約的因素。在跨國比較方面，Ehrmann and Ziegelmeyer（2013）[6] 利用歐元區跨國的數據考察了家庭對固定利率抵押貸款（FRM）和浮動利率抵押貸款（ARM）的選擇，也證實了上述因素的影響。

---

[1] Bogan V, Hammami S. Credit Card Debt and Self-Control [J]. Working paper in Brown University, 2004.

[2] Zinman J. Debit or credit? [J]. Journal of Banking & Finance, 2009, 33 (2): 358-366.

[3] Telyukova I A. Household need for liquidity and the credit card debt puzzle [J]. The Review of Economic Studies, 2013, 80 (3): 1148-1177.

[4] Campbell J Y, Cocco J F. Household risk management and optimal mortgage choice [J]. The Quarterly Journal of Economics, 2003, 118 (4): 1449-1494.

[5] Coulibaly B, Li G. Choice of mortgage contracts: evidence from the survey of consumer finances [J]. Real Estate Economics, 2009, 37 (4): 659-673.

[6] Ehrmann M, Ziegelmeyer M. Household Risk Management and Actual Mortgage Choice in the Euro Area [R]. mimeo, 2013.

### 0.2.2 國內學者的研究成果

國內學者有關家庭金融方面的研究，從最早的總量與結構的研究，到儲蓄率偏高的研究，到後來的居民家庭資產選擇影響因素的研究，再到後來的其他因素對居民家庭金融資產選擇的影響的研究，既有中國經濟發展居民家庭金融資產變遷的特點，也受到國家家庭金融研究進展的影響。

#### 0.2.2.1 中國家庭儲蓄與消費的總量與結構方面的研究

最初的家庭金融相關理論的研究，多集中於關於國內居民高儲蓄率的研究，還未拓展到多樣化資產選擇的研究，這也是受當時居民金融資產的構成特點的影響。

易綱（1996）[1]考察了中國金融資產的總量和結構，並進行了地區之間的比較，對在總量資產結構上畸形的原因以及可能導致的結果進行了分析。王嵐（1998）通過對從1978年到1994年的人均資產存量構成的數據進行分析研究認為，居民資產存量中的金融資產和實物資產的比例在十餘年間發生了重大的變化，居民家庭對金融資產的持有比例大幅度上升，這體現了居民家庭對金融資產的偏好趨勢，也將有助於推動金融市場的發展。

賀菊煌（1995）[2]依據生命週期理論建立了消費儲蓄關係的模型，推導出生命週期假說下的宏觀消費函數，並認為，如果居民預期未來收入增長，那麼穩態下儲蓄率將會隨收入的提高而提高，如果居民沒有預期未來收入增長，那麼穩態下儲蓄率一般不隨收入的提高而提高。

王家庭（2000）系統地闡述了家庭金融的相關理論，探究了家庭金融的本質特徵和運行的機制，認為消費的發展對於家庭金融資產和金融市場都將產生非常重要的影響。

宋錚（1999）[3]、孫鳳（2002）[4]等研究認為儲蓄的主要原因來自居民收入的不確定性，中國居民家庭存在著很強的預防性儲蓄動機。龍志和、周浩明（2000）通過估算城鎮居民相對謹慎系數，得出結論：城鎮居民具有相對較強的預防性儲蓄動機。

---

[1] 易綱. 中國金融資產結構分析及政策含義 [J]. 經濟研究，1996（12）.
[2] 賀菊煌. 根據生命週期假說建立消費函數 [J]. 數量經濟技術經濟研究，1995（8）：3-20.
[3] 宋錚. 中國居民儲蓄行為研究 [J]. 金融研究，1999（6）：47-51.
[4] 孫鳳. 中國居民的不確定性分析 [J]. 南開經濟研究，2002（2）：58-63.

袁志剛、宋錚（2000）[①] 通過建立可以反應中國經濟養老特徵的迭代模型，發現人口老齡化一般會增加居民儲蓄。

#### 0.2.2.2 家庭金融資產選擇的相關理論

臧旭恒等（2001）[②] 在系統估算城鄉居民資產存量和增量構成的基礎上，分析了影響居民資產選擇的各種因素，分析了居民收入差異對資產選擇行為的影響，分析了城鄉居民資產選擇行為與儲蓄動機等方面的差異。申樹斌等（2002）[③] 設計了考慮最優消費的風險投資組合模型，推導出了最優消費條件，進一步分析得出居民家庭的最優消費、儲蓄、投資的比例。胡進（2004）[④] 認為經濟轉軌時期，預防性動機對居民家庭金融資產的配置有著重要的影響。

何大安（2004）[⑤] 根據有限理性的分析框架，將市場參與者描述為「行為經濟人」，其認為，投資者在金融市場中的活動是一種有限理性的決策行為。鄧可斌（2005）[⑥] 根據跨期替代的資產選擇理論中考慮了個體的風險偏好、理性差異和社會地位差異等方面的因素，提出提高跨期替代性比減少個體之間的風險偏好差異更有利於解決中國整體消費不足的問題。

史代敏等（2005）[⑦] 利用四川省家庭金融資產調查的數據，分析了影響居民金融資產總量與結構的因素，認為由於金融資產種類偏少，導致了非自願選擇的現象大量存在。於蓉（2006）[⑧] 將金融仲介納入了家庭資產選擇的分析框架，認為財富、學歷、年齡和對金融仲介機構的信任度等因素影響了家庭金融資產的選擇。李濤（2006）基於對中國 12 個城市居民的抽樣調查數據，研究認為，在銀行存款、外匯、股票、債券等一系列資產類別中，個體的選擇都傾向於跟隨群體中其他成員的選擇，有一定的社會互動特徵。馮濤、劉湘芹（2007）將失業風險與收入風險引入了標準預防性收入-資產組合模型，闡釋了製度變遷所帶來的不確定性對居民資產選擇行為的影響。韓潔（2008）動

---

[①] 袁志剛，宋錚．人口年齡結構、養老保險製度與最優儲蓄率 [J]．經濟研究，2000（11）：24-32．

[②] 朱春燕，臧旭恒．預防性儲蓄理論——儲蓄（消費）函數的新進展 [J]．經濟研究，2001（1）：84-92．

[③] 申樹斌．對中國居民消費偏好參數的估計 [J]．遼寧大學學報（自然科學版）：2002，29（3）：215-218．

[④] 胡進，周靜．居民儲蓄過度增長的原因，問題與對策 [J]．企業經濟，2004（10）：155-156．

[⑤] 何大安．行為經濟人有限理性的實現程度 [J]．中國社會科學，2004（4）．

[⑥] 鄧可斌，何問陶．個體理性，風險偏好，社會地位與中國消費增長——基於跨期替代資產選擇理論模型的研究 [J]．財經研究，2005，31（5）：5-16．

[⑦] 史代敏，宋豔．居民家庭金融資產選擇的實證研究 [J]．統計研究，2006（10）：43-49．

[⑧] 於蓉．中國家庭金融資產選擇行為研究 [D]．廣州：暨南大學，2006．

態模擬了中國居民家庭的生命週期資產選擇行為。

0.2.2.3 各種非金融資產因素對家庭金融資產選擇影響因素的研究理論

劉旦（2008）在生命週期假說理論的基礎上，構建了一個包含城鎮居民住宅資產和消費的模型，考察了中國城鎮居民住宅資產對城鎮居民消費的影響，認為中國住宅市場不具有財富效應。

吳衛星、錢錦曄（2009）利用中國家庭調查數據，研究了產權性住房對中國家庭資產選擇的影響，認為，在保證其他變量對家庭資產選擇影響不變的情況下，擁有產權性住房增加了居民家庭對股票市場的參與程度，同時隨著住房價值占淨資產比例的增加，參與股票投資的比例也會隨之降低。

楚爾鳴（2009）在論證金融和家庭消費的關係時，認為應該以金融市場化為方向，依託金融創新、信貸結構調整和優化金融生態環境來增加居民的消費。

0.2.2.4 居民家庭金融資產選擇對宏觀經濟的影響

連建輝（1999）[1] 認為隨著居民金融資產總量的初步增大，居民的資產選擇行為已經對社會資金的流動格局以及資金的配置方式產生了深刻的影響。他認為對居民金融資產選擇行為的研究應該是研究貨幣需求理論的基礎並使貨幣需求函數複雜化，進而影響了貨幣的流通速度，以及貨幣供應的內生性，增加了測算貨幣供應量的難度。

羅旋（2004）[2] 則從總量、結構、收益率三個方面考察了金融市場發展與家庭資產選擇之間的關係。他認為金融市場的發展程度影響了居民對金融市場參與的深度，具體表現在購買金融產品的總額。居民參與程度的提高會使得該金融市場能夠得到更好的發展，其對金融市場的要求也會進一步完善市場。

許榮（2005）[3] 考察了金融市場發展與家庭資產選擇之間的關係，家庭的需求推動了金融市場供給的變化，而金融市場的進一步發展則多樣化了家庭金融資產的選擇。

張群（2007）[4] 結合居民的消費-儲蓄理論和貨幣政策作用的機制，從轉型期居民不確定性的角度切入，認為居民儲蓄動機的增加降低了貨幣政策的

---

[1] 連建輝. 中國居民資產選擇行為的興起與宏觀金融政策的調整 [J]. 福建師大福清分校學報, 1999（4）: 20-26.
[2] 羅旋. 中國房地產高價的成因分析 [J]. 商業經濟, 2004（11）: 99-101.
[3] 許榮. 金融體系變遷對金融穩定性的影響 [J]. 經濟理論與經濟管理, 2005（6）: 22-26.
[4] 張群. 貨幣政策有效性的微觀基礎研究——居民消費、儲蓄行為 [J]. 金融與經濟, 2007（5）: 13-17.

效應。

### 0.2.3 對已有研究的評述

目前已有的對於家庭金融方面的研究中所存在的問題主要集中於以下幾個方面：

首先，已有研究多集中於理性的居民家庭金融資產選擇的影響因素，但由於居民家庭的組成的人是社會人，他的行為以及在家庭金融中的行為多受到一定程度的社會影響，即人是一個社會人，他的行為實際上在很多時候是有限理性的，而心理因素、社會歷史文化沉澱形成的不同地區的社會差異等影響因素，對於家庭金融的影響是很大的。有關這些方面的論述目前比較少且不系統。

其次，對於家庭金融方面的研究，多是集中於資產選擇或者消費等某一方面的研究，而家庭金融面對的問題是一個整體的問題。當家庭做出決策時，既要面對當期是應該儲蓄還是應該消費的問題，也會面對儲蓄與投資的分配問題，還會面對如果投資，是否應該通過借貸擴展現有資產可以投資的投資品的問題，或者是否應該通過借貸提前消費一些物品的問題。也就是說每個家庭所面臨的家庭金融的安排是一個同時存在的系統性的問題，目標應該是在總體上探索出一個系統性的解決方案。

最後，一直以來國內關於家庭金融方面的研究，面對的是一個獲得相關數據困難的問題。國內較早的家庭金融方面的研究所使用的數據，大多是通過國家公布的宏觀數據推算來的一些微觀數據，在準確性與可比性方面都比較差。近幾年，在學者比較關注數據的質量問題以後，一些學者在局部如某省某市開展了一定量的抽樣調查研究。雖然這種方式較以往的研究使用的數據有了一定的進步，但這些研究或是數據量比較小或者範圍較窄，也不能很好地反應中國家庭在金融安排等方面的一些特點。

## 0.3 研究框架

本書對中國家庭金融的研究，並不局限於其中某一方面的研究，比如，單方面的資產選擇的因素或者資產選擇的方法。而是全面地研究家庭如何運用其可能的手段優化其家庭財產的方式，選擇合理的家庭資產的規模，如何安排家庭負債的規模，以及通過更加合理地消費，來獲得家庭金融的最優安排。

以微觀經濟體為研究對象的金融研究，主要可以分為公司金融、個人金

融、家庭金融。公司金融是針對公司經營中的投資和籌資等方面的研究，包括公司如何安排自有資金的投資，以及融資的投資等內容。個人金融的研究範圍也可以認為是對個人如何投資和籌資等。相應地，家庭金融也不應僅是對家庭如何投資進行研究，也應該包括如何安排籌資、長期投資的籌資安排、短期投資的籌資安排等內容。

　　本書突破以往的集中於家庭投資安排方面的研究，把視角放大到以家庭為單位的投資、籌資以及採取何種保障措施等家庭金融所涵蓋的更大的範圍內進行研究，並在每一具體部分的研究方面結合當前的重點熱點研究問題展開討論，使總體研究在基本框架清晰的情況下，突出熱點問題，方便從不同角度展開。

　　下面具體介紹一下本書的基本研究框架，具體見圖0-1。

　　本書在結構上共分為導論和八個章節。其中第一章為導論，同時對以往的研究進行了文獻綜述，對本書研究所使用的基本概念進行了確定。第二章在本書開始主體研究之前對各國的家庭金融的一些特點進行了國際比較，包括利用最新可獲得的數據，對歐美、日、韓各主要國家的家庭金融中的一些特點進行了比較分析。第三章主要考察了自市場經濟體制建立以來中國家庭金融發展的現狀和問題，並利用央行公布的住戶部門數據對家庭金融發展背後的原因進行了探究，突破了以往研究的重要限制，即忽略房地產資產的影響單獨研究家庭資產的配置，而重點分析了房地產資產對家庭金融資產配置的影響。接下來我們同時指出了當前中國家庭出現的主要問題：儲蓄率過高、金融市場參與不足和房產比例偏高。而第四章則對當前中國家庭金融的資產結構特點進行了詳細的刻畫，並利用最新的家庭金融調研數據對中國各財富階層進行分組，有針對性地分別進行了高、中、低各財富群組的家庭資產結構、家庭金融資產結構的詳盡的實證數據分析，並探析了數據分析背後的經濟啟示。第五章為中國家庭金融中的居民負債的研究，分析了當前中國家庭負債的結構和影響因素，對中國家庭負債的影響因素進行了實證研究，並進一步對家庭所面對的信貸約束對家庭負債安排的影響進行了理論和實證分析。第六章為家庭金融中的居民保險保障的研究，分析了當前中國家庭面對的各種風險情況，對家庭參與社會保險以及商業保險的各種情況進行了理論和實證分析，並進一步分析了中國的社會保障與商業保險的可能的發展趨勢。第七章則探究了金融宏觀調控和家庭金融的關係，實證考察了 M2/GDP 對房地產佔比的影響，並展望了金融宏觀調控下一步的方向。第八章是全書的總結與政策建議。

　　本書在整體安排上以中國家庭金融所包含的家庭資產、負債、保障等方面

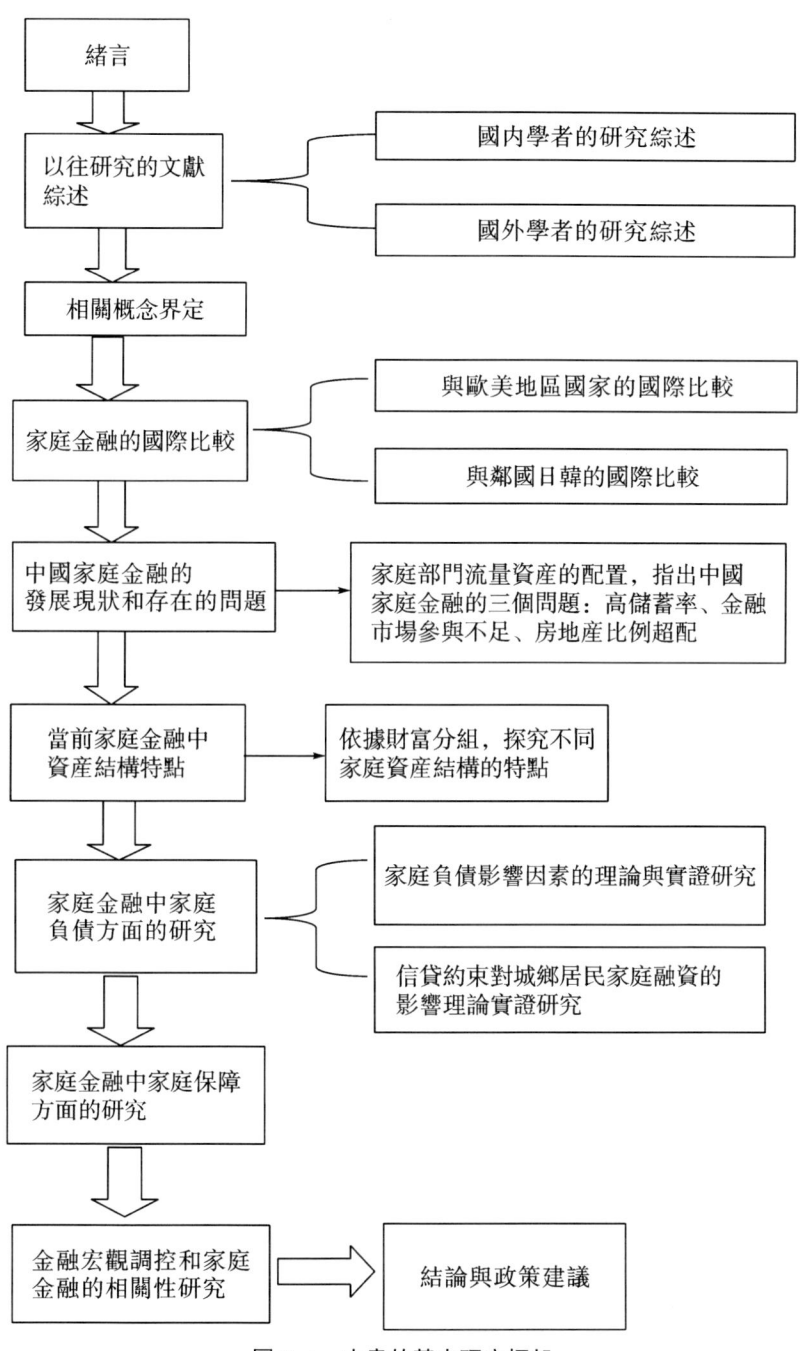

```
┌─────────┐
│  緒言    │
└────┬────┘
     ↓
┌──────────┐      ┌────────────────────┐
│以往研究的文獻├─────┤國內學者的研究綜述    │
│綜述       │     └────────────────────┘
└────┬─────┘      ┌────────────────────┐
     │       └────┤國外學者的研究綜述    │
     ↓            └────────────────────┘
┌──────────┐
│相關概念界定│
└────┬─────┘
     ↓
┌──────────┐      ┌────────────────────┐
│家庭金融的  ├─────┤與歐美地區國家的國際比較│
│國際比較    │     └────────────────────┘
└────┬─────┘      ┌────────────────────┐
     │       └────┤與鄰國日韓的國際比較   │
     ↓            └────────────────────┘
┌──────────┐      ┌──────────────────────────┐
│中國家庭金融的│    │家庭部門流量資產的配置，指出中國│
│發展現狀和存在├───→│家庭金融的三個問題：高儲蓄率、金融│
│的問題      │    │市場參與不足、房地產比例超配    │
└────┬─────┘      └──────────────────────────┘
     ↓
┌──────────┐      ┌──────────────────┐
│當前家庭金融中│    │依據財富分組，探究不同│
│資產結構特點 ├───→│家庭資產結構的特點   │
└────┬─────┘      └──────────────────┘
     ↓
┌──────────┐      ┌──────────────────────┐
│家庭金融中家庭├─────┤家庭負債影響因素的理論與實證研究│
│負債方面的研究│     └──────────────────────┘
└────┬─────┘      ┌──────────────────────┐
     │       └────┤信貸約束對城鄉居民家庭融資的│
     │            │影響理論實證研究         │
     ↓            └──────────────────────┘
┌──────────┐
│家庭金融中家庭│
│保障方面的研究│
└────┬─────┘
     ↓
┌──────────────┐      ┌──────────────┐
│金融宏觀調控和家庭├────→ │結論與政策建議 │
│金融的相關性研究  │     └──────────────┘
└──────────────┘
```

圖 0-1　本書的基本研究框架

的研究為主體內容，在對歐美、日、韓等國家庭金融情況進行橫向比較之後展開主體研究。在主體研究中，本書以家庭金融所涵蓋的資產、負債、保障三大部分為研究主體，以當下社會關注的熱點問題為重點展開研究。

本書所研究的重點問題包括：不同財富階層家庭應如何更優地配置資產以獲得更高的財產性收入，家庭對房地產的投資是否已經過度，普通家庭是否應該加大對當前資本市場的直接投資，家庭參與民間借貸的風險情況及防範，信貸約束對城鄉居民家庭融資的影響，家庭參與社會保險及商業保險時的決策情況的研究等，以及對相關問題的未來可能發展趨勢進行了一些預測。

這樣的結構安排，目的是在全書在整體框架結構清晰的情況下，盡量突出重點，也使研究者可以從不同的角度切入家庭金融的研究。

本書在各個部分的研究中，都在理論分析後大量地加入了實證研究，使分析有了更多的實證數據基礎。

## 0.4 研究的思路和方法

本書首先在概念上界定了家庭金融的研究範圍，把傳統對家庭金融研究主要集中在資產方面的研究拓展到家庭金融涉及的更廣泛而全面的範圍，不僅在家庭資產選擇方面展開全面細緻的研究，也對家庭的負債情況以及家庭採取的保障方式等方面展開了研究。這更符合家庭在實際安排其家庭金融活動時對各個方面的考慮情況，因此使研究更貼近於實際，更具有實際使用效果。

其次，本書對時下有關家庭金融包含的各個方面所涉及的熱點問題進行了重點分析。包括房產投資、民間借貸在內的各個方面問題都是家庭金融實際涉及且影響較大的熱點問題，本書結合對經濟環境、經濟政策的理解對其進行了預測分析及建議，對指導家庭採取更優的家庭金融安排具有一定的指導意義。

最後，在具體研究方面，本書突破以往的集中於家庭投資安排方面的研究，把視角放大到以家庭為單位的投資、籌資以及採取何種保障措施等家庭金融所涵蓋的更大的範圍內的研究，並在每一具體部分的研究方面結合當前的重點熱點研究問題展開討論，使總體研究在基本框架清晰的情況下，突出熱點問題，方便從不同角度展開。

本書在理論研究外，在各個研究部分還進行了大量的實證研究。首先，本書使用了包括西南財經大學家庭金融調查的較新的家庭金融數據，以及十餘年的較完善的時間序列數據，進行了全面的數據分析挖掘，使研究分析的情況更加接近當前的現實情況。其次，本書在模型設計上結合中國家庭的實際情況優

化了傳統的理論模型，突破了以往家庭金融研究忽略了房地產資產這一重要資產的影響而單獨分析家庭金融資產配置的各種局限，加入了房地產資產這一中國家庭資產配置中的重要資產的影響全面考慮家庭資產配置與家庭金融資產配置的各種影響因素進行分析，更加準確地體現中國家庭金融的實際特點。在實證模型方面，根據在不同部分實證研究中所使用的不同的數據的特點，本書應用了有針對性的不同的實證模型進行實證分析，使實證研究的結果更加真實，更加可信。從整體來看，豐富的實證研究和理論分析的結合，使得我們對中國家庭金融的特點有了更全面的瞭解，理論分析的結果也更加可信。

在進一步的研究方向上，依然由於受到數據的限制，在負債、保障兩部分數據完善後，實證研究還有進一步完善的空間。

隨著金融市場的發展，家庭可投資的產品不斷增多，如近兩年出現了所謂「中國大媽的黃金投資熱」現象。對貴金屬等資產的研究，本書沒有詳細涉及，其他目前家庭參與不多的如期貨等衍生品的投資，本書也未過多涉及，這些都是以後研究可以不斷完善的方向。

## 0.5　本書的創新及不足

本書的創新點在於：首先，為了有效地考察中國家庭金融的發展歷史和現狀，我們先後使用了中國人民銀行公布的住戶部門金融資產流量數據和中國家庭金融調查（CHFS）的微觀調查數據，兩類數據的分析各有側重。我們利用微觀家庭層面的數據系統分析了中國家庭金融中資產結構、負債和保險保障的情況。本書突破了以往僅僅基於家庭投資的研究局限，而是把視角聚焦到以家庭為單位的投資、籌資、風險控制三個層面上。本書對家庭金融的研究更加系統和全面，在具體的每一部分的研究中，在保證總體框架分析的完整性之外，力圖在相關章節對當下中國經濟運行中表現出的熱點問題進行重點分析，使本書的研究在保證總體框架完整的情況的同時也突出重點。其次，在模型的設計上，本書結合中國家庭的實際情況優化了傳統的理論模型，突破了以往家庭金融研究忽略了房地產資產這一重要資產的影響，而單獨分析家庭金融資產配置情況的各種局限，從而更加準確地體現中國家庭金融的實際特點。在實證模型上，考慮到我們使用數據的特點，本書先後使用了 tobit 和 probit 等多個模型分別從定量和定性兩個角度考察中國家庭金融的特點。紮實的實證分析詳細刻畫了當前中國家庭金融的特點，並幫助本書提出更有針對性的建議。整體來看，豐富的實證研究配合理論分析對中國家庭金融的特點進行了全面的研究分析，

使理論分析的結果更加可信。

　　本書的不足在於社會心理因素對家庭金融具有至關重要的影響，儘管我們試圖去考察這部分因素的影響，但在我們的實證模型中並沒有有效地刻畫這部分因素對家庭金融的影響。另外我們使用的數據是基於西南財經大學CHFS2011年調查的截面數據，截面數據的劣勢在於無法動態全面地考察當前中國家庭金融的變化。希望在後續研究的推進中，我們能夠使用面板數據來動態考察不同財富群組家庭的金融安排，從而能給出更有針對性的政策建議。

# 1 相關概念的界定

在具體研究之前，我們首先對本書所涉及的概念進行界定，並在已有研究成果基礎上，結合目前經濟社會發展的特點以及中國的家庭金融的特點與現狀，對具體的概念進行詳細的闡述和約定。

## 1.1 相關概念的界定

在之前的文獻綜述部分已經展現，在 2006 年美國金融學年會（AFA）上，美國經濟學家 Campbell 在其論文 *Household Finance*① 中對於家庭金融學進行了系統的論述。他首次對家庭金融學進行了系統的定位，把它和公司金融、資產定價並列為微觀金融學研究的三大領域，進一步將其分為實證主義家庭金融學以及規範主義家庭金融學，並開創性地提出了從實證主義家庭金融學面臨的度量問題和規範主義家庭金融學面臨的模型構建問題兩個方面入手，通過改進度量和完善模型進一步完善家庭金融學研究這一領域。同時考慮到家庭金融安排的複雜性和市場上供應的眼花繚亂的金融產品，家庭在進行金融安排決策時難免會犯錯誤，哪些因素決定了家庭金融產品的選擇，這個領域可以被稱為「均衡的家庭金融」。金融知識的普及和推廣在家庭金融中扮演著重要的角色，而如何設計出家庭可用的金融產品，這個領域可以被稱為「家庭金融工程」。同時家庭金融的度量和理論建模向家庭金融的研究者們提出了挑戰，在約定好上述的基本概念之後，之後的其他學者在家庭金融的研究中從各個不同角度對相關概念進行過界定。

那麼基於以往的研究成果，我們首先對於本書需要使用的幾個主要核心概念進行界定。

---

① Campbell J Y. Household finance [J]. The Journal of Finance, 2006, 61 (4): 1553-1604.

### 1.1.1 家庭金融

家庭金融此語主體是家庭，內容是金融，與公司金融、政府金融、個人金融類似，都是對微觀經濟主體在金融方面的安排。

那麼首先對金融做一個定義。《現代金融大辭典》對「金融」做了這樣的定義：金融是指貨幣資金的融通，它包括貨幣、貨幣流通、信用和與之直接相關的經濟活動。金融是商品貨幣關係發展到一定程度的必然產物，它的發展受到了社會經濟和商品貨幣關係發展的影響，也對社會經濟的發展起著相當重要的作用。

金融的英文單詞為 finance，其基本含義就是融資，意即微觀經濟主體在金融市場從事融資、投資活動的總稱。而這個微觀經濟主體就可以包括公司、政府、個人、家庭。

那麼家庭金融的範疇就可以簡單地界定為家庭這一微觀經濟主體，在金融市場上從事投融資活動的總括。即既包括對股票、債券、金銀等金融品的投資買賣，也包括為投資買賣這些金融品進行的籌資融資活動。

家庭金融與公司金融、政府金融在概念範疇上面很容易進行區分，與個人金融在某些情況下，在外延上可能有些重合。家庭由個人組成，個人在很多時候都會代表家庭進行金融行為，家庭金融行為很多時候也是通過某個人來進行。所以，本書認為，當家庭由一個人組成或某個人代表家庭發生金融行為時，此時個人金融等同於家庭金融。

而家庭金融與個人金融畢竟還是有很大的區別的，個人金融無論在什麼時候都是某個具體人的金融行為，而家庭金融是以一個家庭為範疇，以家庭作為一個經濟主體進行的金融活動。而一個家庭在進行金融安排時，無論在對投資週期、投資項目、融資計劃等各個方面所考慮的因素，或者受影響的因素都與個人金融有很大的不同的。

### 1.1.2 家庭財富、家庭資產、家庭財產

世界銀行於 1995 年公布的財富的概念，包含了自然資本、生產資本、人力資本和社會資本四個範疇。而具體到家庭財富，我認為，是指能夠給家庭帶來各種實際利益價值的各種有形資產與無形資產。有形資產包括家庭所擁有的現金、債券、股票、基金等各種有價證券以及房產、車輛、經營實體等各種資產，無形資產則包括知識、閱歷、社會資源、聲譽等無法用貨幣直接衡量但也可以為家庭直接或間接帶來實際利益的因素。

而對於家庭資產範疇的確定，臧旭恒（2001）[①]、劉楹（2007）[②] 認為，家庭資產在總體上應該分為兩大類，即金融資產和實物資產。金融資產包括現金、銀行存款、債券、股票、基金、保單等，實物資產包括住宅、車輛、家具家電、收藏品等。孫元芳（2004）認為，家庭資產是指家庭擁有或控制的能夠以貨幣計量的經濟形態。家庭資產由實物資產和金融資產兩部分構成，包括各種家庭資產、債權債務和其他權利。

本書定義的家庭資產，應該是指經濟學意義上的家庭主體實際持有的可以用貨幣計量的家庭財富的具體形態的各種資產及資產組合，家庭資產可以用於家庭的各種消費、生產活動、投融資活動，可以為家庭帶來經濟效益。家庭資產應該具有以下幾個方面的特點，首先，可用貨幣計價，可以轉讓交易，即當家庭需要對其所持有的資產進行調整時，家庭資產可以按照一定的價格進行交易以調整家庭持有的資產的組合或者形態。其次，家庭資產的未來的價值具有不確定性，即根據其未來的收益的能力來確定其價值的，而資產的未來的收益受到多種因素的影響，是不確定的，所以家庭資產的未來的價值是無法在當前時刻確定的。

而從宏觀上看，由於家庭資產可以反應居民家庭的資產持有量和生活水平，那麼一國所有家庭的家庭資產構成的家庭資產的總量，反應了一個國家總體的經濟實力。

家庭財產，從狹義上可以理解為家庭的淨資產，即家庭對其擁有產權部分的資產，在具體數值上反應為家庭資產與負債的差額，而在很多實際情況下，家庭資產與家庭財產的含義是相近的，家庭財產更多地反應的是一種法律意義上的產權方面的概念。

### 1.1.3 家庭金融資產與家庭非金融資產

之所以要區分家庭金融資產與家庭非金融資產是由於本書研究需要，本書的研究範疇是家庭金融，而它不僅包括家庭金融資產的選擇與投資，也包括非金融資產的選擇對金融資產選擇所造成的影響的分析，而這種影響是比較大的而不可以忽略的，所以有必要進一步區分家庭金融資產與家庭非金融資產。

從具體形態來看，家庭資產可以分為金融資產與實物資產。從狹義來看，家庭金融資產是指現金、股票、債券等有價證券資產，家庭非金融資產也就是

---

[①] 朱春燕，臧旭恒.預防性儲蓄理論—儲蓄（消費）函數的新進展 [J].經濟研究，2001（1）：84-92.

[②] 劉楹.家庭金融資產配置行為研究 [M].北京：社會科學文獻出版社，2007.

家庭的實物資產，主要包括房產、汽車、耐用消費品以及收藏品等。而從廣義來看，家庭非金融資產中，目前總體看佔有最大比例的房產這部分資產，由於其擁有越來越發達的二級市場以及在銀行等金融市場融資的功能以及其便利的流通能力，房地產市場越來越具有金融市場的特徵。那麼從這些角度來看，房產逐漸具有了部分金融資產的特點，它不再只是一個價值較大的耐用消費品，很多家庭而是把這部分資產作為其一種金融投資的安排。所以目前從更廣泛意義來看，房產越來越具有一些金融資產的特徵，我們可以從不同的角度去看金融資產的安排。

### 1.1.4 家庭負債

家庭負債是指家庭在進行經濟活動時，所選擇的通過借入資金等方式產生的在未來的經濟利益的流出。其目的是更好地安排家庭的金融活動，擴大金融活動的範圍，以及更合理地安排家庭在不同時期的消費和投資。家庭負債是家庭金融的有益構成部分，合理安排家庭負債可以使家庭的金融結構優化，可以使家庭在更長生命週期中的效用得到更好的滿足。

家庭負債可分為家庭長期負債和家庭短期負債。家庭長期負債如典型的房地產按揭貸款、汽車等大件消費品的超過一年期的分期付款。家庭短期負債包括家庭向銀行等金融機構的短期借款，或者一個家庭向其他家庭或個人等的計劃在一年內歸還的短期的借款。

## 1.2 家庭金融的涵蓋範圍及其特點

### 1.2.1 家庭金融的涵蓋範圍

由於家庭金融就是以一個家庭單位為主體進入金融市場，參與金融活動，包括投資、貨幣融通以及信用活動等，所以，與此相關的內容都屬於家庭金融的涵蓋範圍。

家庭金融所涉及的業務包括了銀行、保險、證券、期貨投資等各個市場領域。大多數這些市場的金融產品都是家庭金融所能夠投資的範疇。

另外家庭金融所涉及的領域不限定於金融市場範圍，包括住宅、汽車等實體市場，也是家庭金融所涉及的範圍。如家庭對於如何安排其對住宅等大件商品的投資，是否需要進行長期資金的融通，或者短期借貸，這些方面的安排也都屬於家庭金融的範疇。且這一實體市場的投融資安排不只是出於家庭對其使用價值的追求，也包括單純的金融投資，所以住房市場也體現出了一定的金融

屬性。此外，家庭在進行其金融活動安排時，採取何種對待風險的態度，採用什麼樣的保障方式控製其所面對的風險也屬於家庭金融的涵蓋範圍。

### 1.2.2 家庭金融的特點

家庭金融是以家庭為單元進行的金融活動，與其他公司金融、政府金融相比有其一定的特點。家庭財富的累積取決於當期資產的配置，家庭對風險性資產的配置會增加家庭未來的財富總額；另外家庭在參與金融市場的過程中，其行為會影響資產定價的效率和市場的有效性。

#### 1.2.2.1 分散性

家庭在經濟社會中是一個比較小的經濟單位，其活動有一定的分散性，包括資金的分散性和風險的分散性。對金融機構和金融系統來說，雖然家庭金融業務存在高成本的特點，但相比大的機構投資來說，家庭金融可以將整體集中的較高風險分散到單個家庭，從而在整體上實現相對穩定安全的金融業務。

#### 1.2.2.2 多樣性

由於社會中的家庭數量龐大，每個家庭在成員構成、資金情況等很多方面都有很大的差異，家庭的異質性決定了其金融安排具有多樣性的特點。政府和金融機構如果想協調好眾多家庭的金融需求，需要根據家庭的不同情況設計出相對更有針對性的家庭金融服務。當前的中國社會正在經歷逐步轉型的階段，收入差距的拉大決定了不同財富群組的家庭具有不同的金融需求。

#### 1.2.2.3 廣泛性

家庭的金融需求可以說是每個家庭都存在的，不管家庭的成員結構或資金規模，每個家庭幾乎可以說都有金融需求，涵蓋了消費、投資、住房旅遊、養老等家庭生活的方方面面。家庭對金融市場的參與既包括對銀行等傳統金融市場的參與，也包括對資本市場（股票市場、債券市場等）的參與。每個家庭在參與金融市場的廣度和深度方面存在差異。

#### 1.2.2.4 互聯性

家庭金融的互聯性是指家庭金融所涉及的金融產品、金融業務與其他微觀經濟主體所涉及的金融產品、金融業務有一定的交集或聯繫，並不是孤立的。如家庭對存款、債券的需求，對理財產品的需求，同公司等經營主體的需求一樣。

# 2 家庭金融的國際比較

在對中國家庭金融展開全面研究之前，有必要對國際尤其是發達國家目前呈現的家庭金融進行一些對比研究，通過對歐美以及日韓等不同地區國家現有家庭金融進行對比研究，發現不同社會文化背景、社會經濟結構地區之間家庭金融的差異，進而可以分析預見中國家庭金融特徵在未來社會經濟發展更加成熟階段可能的一些變化，以及分析哪些發展模式可能是更加合理的。

## 2.1 美國以及歐洲國家家庭金融的特點

美國以及歐洲國家之間雖然在發展程度上面也是有一定的差異，但是美歐各國擁有相似的歷史文化背景，以及風俗習慣，本書把兩者放在一起對這種文化背景下的家庭金融的一些特點進行展現。

### 2.1.1 美國家庭金融的特點

在現有的家庭金融的各類研究中，對美國家庭金融的研究成果比較多，一大主要原因是美國家庭金融的數據相對容易獲得，美國有各類對家庭金融情況進行調研的機構，其中美聯儲的 SCF 數據庫[①]每隔三年對美國家庭做的家庭金融調查所呈現的數據可以很好地反應一些特點。

美國作為世界第一大經濟體，不僅擁有規模最大的經濟體量，而且擁有發達的金融市場，美國家庭可以選擇參與的金融市場非常多。同時，美國的金融仲介也非常發達，家庭想參與各種金融市場的門檻是比較低的，那麼觀察分析美國家庭持有資產的情況可以從某種程度上預見中國在經歷進一步發展以後，在擁有更成熟的金融市場時，中國家庭在其資產選擇方面可能出現的情況，進

---

① 消費金融調查（SCF）通常是美國家庭的三年一次的橫斷面調查，但在 1983—1989 年和 2007—2009 年，其收集的是面板數據。調查的數據包括家庭的資產負債表、養老金、收入和人口特徵。

而分析其金融特徵可能的變化趨勢。

首先，來看美國家庭資產的構成情況。我們通過美國家庭金融調研 SCF 數據庫發現，美國家庭持有以下幾種類型的資產：交易帳戶、儲蓄帳戶、儲蓄性債券、債券、股票、共同基金、退休帳戶、人壽保險折現值、其他託管資產、其他金融資產。我們分別按照收入分位數、教育程度、工作情況、職業情況、房屋持有情況和淨財富等人口特徵屬性變量進行劃分，分析其家庭金融資產的構成情況，具體情況見表 2-1。

表 2-1　　　　　　美國分類家庭金融資產構成情況

| 家庭特徵 | 交易帳戶 | 儲蓄帳戶 | 儲蓄性債券 | 債券 | 股票 | 共同基金 | 退休帳戶 | 人壽保險折現值 | 其他託管資產 | 其他金融資產 |
|---|---|---|---|---|---|---|---|---|---|---|
| 全部家庭 | 4.2 | 21.0 | 1.0 | 83.8 | 17.8 | 58.7 | 47.1 | 8.4 | 73.3 | 6.3 |
| 按收入分位數劃分 | | | | | | | | | | |
| <20 | 0.8 | 18.9 | 0.5 | — | 4.0 | 31.4 | 6.3 | 2.6 | 104.8 | 1.6 |
| 20~39.9 | 1.7 | 18.9 | 1.0 | — | 10.5 | 31.4 | 12.6 | 5.2 | 90.1 | 3.1 |
| 40~59.9 | 2.9 | 17.8 | 0.7 | — | 5.8 | 39.3 | 25.1 | 5.4 | 61.8 | 4.2 |
| 60~79.9 | 6.3 | 11.5 | 1.0 | 19.9 | 14.7 | 36.7 | 50.3 | 10.4 | 54.5 | 10.5 |
| 80~89.9 | 13.5 | 21.0 | 2.1 | 84.9 | 15.7 | 48.2 | 94.7 | 9.4 | 31.4 | 10.5 |
| 90~100 | 38.4 | 44.0 | 2.6 | 261.9 | 78.6 | 188.6 | 214.8 | 29.4 | 94.3 | 47.1 |
| 按教育程度劃分 | | | | | | | | | | |
| 高中以下 | 1.3 | 14.7 | 1.0 | — | 2.8 | 67.1 | 15.7 | 2.6 | 31.4 | 1.6 |
| 高中 | 2.6 | 16.8 | 1.0 | 48.7 | 10.5 | 31.4 | 29.9 | 5.4 | 83.8 | 5.2 |
| 學院 | 2.9 | 18.9 | 1.0 | 52.4 | 6.3 | 26.2 | 33.5 | 8.4 | 54.5 | 4.2 |
| 大學 | 10.9 | 26.2 | 1.2 | 104.8 | 26.2 | 78.6 | 78.6 | 13.6 | 78.6 | 10.5 |
| 按工作情況劃分 | | | | | | | | | | |
| 受雇於他人 | 92.6 | 13.2 | 17.0 | 0.9 | 17.8 | 10.4 | 62.7 | 20.3 | 3.7 | 9.2 |
| 自己創業 | 91.9 | 15.0 | 15.9 | 4.2 | 24.3 | 21.4 | 55.4 | 32.1 | 6.9 | 14.8 |
| 退休 | 96.6 | 25.7 | 10.2 | 2.3 | 16.4 | 11.3 | 34.2 | 27.3 | 11.2 | 7.0 |
| 其他未工作 | 78.6 | 5.6 | 10.7 | — | 12.8 | — | 22.4 | 14.6 | | 10.4 |
| 按職業情況劃分 | | | | | | | | | | |
| 管理者或專業人員 | 98.3 | 18.2 | 21.1 | 3.1 | 28.7 | 19.7 | 74.9 | 24.9 | 6.7 | 11.0 |
| 技術、銷售、服務人員 | 91.9 | 11.5 | 15.0 | 0.4 | 14.9 | 8.8 | 54.9 | 21.3 | 4.0 | 9.1 |
| 其他職業 | 87.9 | 9.2 | 13.1 | — | 9.9 | 5.4 | 51.3 | 19.0 | 1.1 | 9.8 |
| 退休或其他未工作 | 89.5 | 22.5 | 10.3 | 2.0 | 15.8 | 9.9 | 32.7 | 25.3 | 9.8 | 7.5 |

2　家庭金融的國際比較　23

表 2-1（續）

| 家庭特徵 | 交易帳戶 | 儲蓄帳戶 | 儲蓄性債券 | 債券 | 股票 | 共同基金 | 退休帳戶 | 人壽保險折現值 | 其他託管資產 | 其他金融資產 |
|---|---|---|---|---|---|---|---|---|---|---|
| 按房屋持有情況劃分 | | | | | | | | | | |
| 持有房屋 | 97.3 | 20.0 | 18.2 | 2.2 | 22.4 | 15.0 | 63.7 | 28.9 | 7.5 | 9.4 |
| 租賃或其他 | 80.8 | 7.7 | 7.5 | 0.4 | 8.1 | 3.5 | 29.6 | 10.1 | 2.1 | 9.1 |
| 按淨財富劃分 | | | | | | | | | | |
| <25 | 76.3 | 2.5 | 4.8 | — | 4.3 | — | 19.7 | 7.8 | — | 7.4 |
| 25~49.9 | 93.6 | 9.9 | 12.3 | — | 10.2 | 3.6 | 48.6 | 19.7 | 1.9 | 8.9 |
| 50~74.9 | 98.6 | 19.4 | 17.6 | — | 17.2 | 10.4 | 63.1 | 28.5 | 6.2 | 8.6 |
| 75~89.9 | 100.0 | 32.5 | 25.9 | — | 31.7 | 22.8 | 77.5 | 32.3 | 11.1 | 9.4 |
| 90~100 | 100.0 | 32.9 | 23.2 | 11.7 | 52.4 | 42.2 | 84.8 | 41.7 | 20.6 | 16.6 |

數據來源：2010 年美國家庭金融調查（SCF）。

從表2-1可以看出，美國家庭持有較多的資產為：債券、共同基金、退休帳戶以及其他託管資產。美國家庭較少比例持有交易帳戶、儲蓄、直接投資股票。這反應出美國的金融仲介非常發達，投資者較少地自己安排金融資產投資，而是把更大比例的錢交給金融仲介打理，通過金融仲介安排投資。

從分項數據來看，美國家庭低於百分之二十分位數收入的低收入家庭，相對最高百分之十分位數收入的高收入家庭來看，其他託管資產的比例占比相對其他資產明顯較大，而高收入家庭在債券、共同基金、退休帳戶以及其他託管資產中的占比都比較大。可以看出，即使是低收入家庭也並沒有用更多的資產以儲蓄或交易性帳戶的形式作為防禦性儲備，依然把大比例的資產放在其他託管資產上面，也可以看出美國金融市場的深度之大，交給仲介機構打理資產已經深入人心。從按照教育程度劃分來看，高學歷家庭的債券持有比例明顯大於低學歷家庭。從按照工作情況的劃分來看，退休人員家庭的儲蓄資產比例持有相對較大，反應出隨著年齡的增大，風險防範理念趨於保守；而工作中的人員家庭在退休帳戶的投資比例相對較大，美國的退休帳戶也是共同基金的一部分，可以看出其專業化營運使得工作者願意投資於退休帳戶，以增加其預期的退休以後的保障。按職業劃分的角度來看，管理者、專家、銷售人員、退休等依次在退休帳戶中資產比例逐漸降低，可以看出美國家庭的人員在退休帳戶的參與比例是與其收入掛勾的，這點是退休帳戶製度安排的市場反應，繳存比例總體上來看是與收入成正比的。從房屋持有情況劃分來看，持有房屋家庭的各項資產占比總體上都高於租賃或其他居住方式家庭，從退休帳戶持有比例一項來看，也可推測持有住房家庭的總體收入要高於租賃或其他居住方式家庭，所

以持有住房家庭各項資產的持有比例都比較高。最後按照淨財富劃分的角度來看，基本無例外的高淨財富家庭在各項資產的持有比例上來看基本都是最高的，這點也是符合邏輯的。

其次，我們來看從 1992 年到 2010 年美國家庭資產組合構成情況的演變情況，可以大概看出受到經濟情況、金融市場變化等各方面影響，美國家庭資產組合有了哪些方面的變化。我們從美國家庭金融調查數據庫 SCF 整理出從 1992 年到 2010 年每隔三年美國家庭金融資產、非金融資產以及家庭負債占淨資產的比重等各類情況的數據，列於表 2-2。

表 2-2　　　　1992—2010 年美國家庭資產組合　　　　單位：%

| 資產種類 | 1992 年 | 1995 年 | 1998 年 | 2001 年 | 2004 年 | 2007 年 | 2010 年 |
|---|---|---|---|---|---|---|---|
| 一、金融資產 | 31.6 | 36.7 | 40.7 | 42.0 | 35.7 | 33.9 | 86.7 |
| 交易帳戶 | 17.5 | 13.9 | 11.4 | 11.5 | 13.2 | 10.9 | 13.3 |
| 儲蓄帳戶 | 8.0 | 5.6 | 4.3 | 3.1 | 3.7 | 4.0 | 3.9 |
| 儲蓄性債券 | 1.1 | 1.3 | 0.7 | 0.7 | 0.5 | 0.4 | 0.3 |
| 債券 | 8.4 | 6.3 | 4.3 | 4.6 | 5.3 | 4.1 | 4.4 |
| 股票 | 16.5 | 15.6 | 22.7 | 21.6 | 17.6 | 17.8 | 14.0 |
| 共同基金（除貨幣市場基金） | 7.6 | 12.7 | 12.4 | 12.2 | 14.7 | 15.8 | 15.0 |
| 退休帳戶 | 25.7 | 28.1 | 27.6 | 28.4 | 32.0 | 35.1 | 38.1 |
| 人壽保險 | 5.9 | 7.2 | 6.4 | 5.3 | 3.0 | 3.2 | 2.5 |
| 其他託管資產 | 5.4 | 5.9 | 8.6 | 10.6 | 8.0 | 6.5 | 6.2 |
| 其他 | 3.8 | 3.3 | 1.7 | 1.9 | 2.1 | 2.1 | 2.3 |
| 合計 | 100.0 | 100.0 | 100.0 | 100.0 | 100.0 | 100.0 | 100.0 |
| 二、非金融資產 | 68.4 | 63.3 | 59.3 | 58.0 | 64.3 | 66.1 | 62.1 |
| 車輛 | 5.7 | 7.1 | 6.5 | 5.9 | 5.1 | 4.4 | 5.2 |
| 住宅 | 47.0 | 47.5 | 47.0 | 46.8 | 50.3 | 48.0 | 47.4 |
| 其他房產 | 8.5 | 8.0 | 8.5 | 8.1 | 9.9 | 10.7 | 11.2 |
| 其他非房屋產權 | 10.9 | 7.9 | 7.7 | 8.2 | 7.3 | 5.8 | 6.7 |
| 自有企業 | 26.3 | 27.2 | 28.5 | 29.3 | 25.9 | 29.7 | 28.2 |
| 其他 | 1.6 | 2.3 | 1.8 | 1.6 | 1.5 | 1.3 | 1.3 |
| 合計 | 100.0 | 100.0 | 100.0 | 100.0 | 100.0 | 100.0 | 100.0 |
| 三、家庭負債占總資產的比重 | NA | 14.6 | 14.2 | 12.1 | 15.0 | 14.8 | 16.4 |

數據來源：歷年美國家庭金融調查（SCF）。

從表 2-2 可以看出，該表反應了從 1992 年到 2010 年美國家庭資產的構成

情況的一個時間序列的變化情況。總體來看，住宅資產的比例呈現比較穩定的狀況，沒有隨著經濟的發展而大比例的上升，金融資產中儲蓄帳戶總體上呈現比例下降的情況，而共同基金和退休帳戶的占比總體上呈現一個上升的態勢，共同基金的占比從 1992 年的 7.6% 提升到 2010 年的 15.0%，而退休帳戶的占比從 1992 年的 25.7% 提高到了 2010 年的 38.1%。這兩項都隨著美國經濟在 1992 年到 2010 年這段時期中相對高速發展，而不斷地提高了其在家庭資產構成中的占比。也可以從這個角度看出，一方面，美國經濟這些年的發展中，金融市場在不斷發展壯大，在微觀角度的家庭資產的配比中也反應出了家庭願意把更大比例的資產通過金融仲介來安排投資配置。另一方面，美國家庭並沒有隨著經濟的發展、家庭收入的提升，來加大住宅資產的配置。這與近幾年中國的家庭資產的配置變化方面呈現出很大的不同，美國家庭並沒有把大量的資產或新增收入大比例投入房地產市場。在美國家庭負債占總資產的比重的變化方面，美國家庭的負債占比總體保持穩定，總體保持在 15% 的比例左右波動，只是在 2001 年的股市泡沫破裂後負債比率也下降到一個相對的低位 12.1%。在經濟恢復增長後，負債比率隨即恢復增長，即使在 2008 年美國爆發次貸危機，經濟遭到重創後，由於美國及時推出刺激經濟的量化寬鬆政策，在 2010 年的數據表現中，美國家庭的負債比例也沒有顯著下降，而是達到 16.4% 的較歷史合理水平相對偏高一點的水平，總體依然保持在合理水平。

然後，我們再看一下，美國家庭從 1989 年到 2007 年的持股方式的演變情況，見表 2-3。

表 2-3　　　　　　　美國家庭持股方式的變化情況　　　　　　　單位：%

| 持股類型 | 1989 年 | 1992 年 | 1995 年 | 1998 年 | 2001 年 | 2004 年 | 2007 年 |
| --- | --- | --- | --- | --- | --- | --- | --- |
| 直接持股 | 13.1 | 14.8 | 15.2 | 19.2 | 21.3 | 20.7 | 17.9 |
| 間接持股 | 23.5 | 29.3 | 34.8 | 43.4 | 47.7 | 44.0 | 44.4 |

數據來源：歷年的美國消費金融調查（SCF）。

從表 2-3 可以看出，1989—2001 年，美國家庭無論是通過直接持股方式，還是通過間接持股方式，持股比例都是逐漸上升的，間接持股的持股比例上升得更快。而經過 2001—2002 年的美國股市互聯網股票泡沫的破裂，全球股市大多經歷了相對較長的熊市階段，美國家庭的兩種持股方式的持股的比例都有所下降，而在之後的 2004 年到 2007 年的階段間接持股方式的比例重新恢復並再度呈現上升趨勢，而直接持股方式的比例仍在繼續下降。這也反應出美國家庭受到股票市場變化、金融市場可選擇金融工具以及政策變化引導等多方面因

素影響，更願意通過金融仲介間接持有股票。

### 2.1.2 歐洲國家家庭金融的特點

由於歐洲國家相似的歷史文化背景，其社會家庭在很多方面的表現都有很多相似性，另外由於非常多的歐洲國家加入了歐元區，也使得這些國家使用同樣的貨幣歐元，在貨幣流通方面會表現更多的相似性。下面我們來看一下，歐洲國家的家庭金融安排方面的一些特點。

首先來看一些具有代表性的歐洲國家的家庭資產結構。我們根據所獲得的數據整理出歐元區一些主要具有代表性國家的家庭資產結構中實物資產和金融資產的占比情況。詳見表2-4。

表2-4　　具有代表性的歐洲國家家庭資產結構　　單位:%

|  | 歐元區 | 比利時 | 德國 | 希臘 | 西班牙 | 法國 | 義大利 | 塞浦路斯 |
|---|---|---|---|---|---|---|---|---|
| 實物資產占比 | 83.2 | 70.9 | 78.8 | 93 | 89.7 | 80.7 | 90 | 91.9 |
| 金融資產占比 | 16.8 | 29.1 | 21.2 | 7.0 | 10.3 | 19.3 | 10.0 | 8.1 |
|  | 盧森堡 | 馬耳他 | 荷蘭 | 奧地利 | 葡萄牙 | 斯洛文尼亞 | 斯洛伐克 | 芬蘭 |
| 實物資產占比 | 88.8 | 86.6 | 73.4 | 83.1 | 87.5 | 94.4 | 91.7 | 85 |
| 金融資產占比 | 11.2 | 13.4 | 26.6 | 16.9 | 12.5 | 5.6 | 8.3 | 15.0 |

數據來源：《歐元區家庭金融消費調查》，2013年。

從表2-4的數據來看，歐洲具有代表性國家的家庭資產中，實物資產的占比較高，全部超過70%，斯洛伐克、希臘、塞浦路斯的占比均高於90%，歐洲前兩大經濟體德國、法國的占比也分別達到了78.8%和80.7%。總體來看歐洲家庭偏向於持有實物資產。

那麼進一步具體到實物資產的持有細項來看，表2-5列出了一些主要歐元區國家家庭實物資產的詳細構成情況，分別展現了家庭主要住宅、其他不動產、汽車、貴重物品、自營商業等的占比情況。

表 2-5　　　　　　　　　　歐洲家庭實物資產細項占比　　　　　單位:%

|  | 盧森堡 | 馬耳他 | 荷蘭 | 奧地利 | 葡萄牙 | 斯洛文尼亞 | 斯洛伐克 | 芬蘭 |
| --- | --- | --- | --- | --- | --- | --- | --- | --- |
| 家庭主要住宅 | 58.4 | 51 | 83.4 | 53.5 | 54.6 | 71.3 | 81.1 | 64.3 |
| 其他不動產 | 34.0 | 19.3 | 8.8 | 13.3 | 26.3 | 14.8 | 7.3 | 26.4 |
| 汽車 | 3 | 2.8 | 4 | 4.3 | 4.5 | 3.9 | 6 | 5.5 |
| 貴重物品 | 1.3 | 0.9 | 0.8 | 1.3 | 1 | N | 0.6 | M |
| 自營商業 | 3.3 | 25.9 | 3 | 27.5 | 13.6 | 9.8 | 4.9 | 3.9 |

數據來源:《歐元區家庭金融消費調查》,2013 年。

　　從表 2-5 的數據來看,在實物資產中占比最大的依然是家庭主要住宅,占實物資產的比例均大於 50%,平均集中於 60%~70%。那麼綜合上面兩個表的數據來看,歐洲家庭的住宅在總資產中的占比大約在 50%。

　　那麼再看一下具體金融資產的細項的占比情況。表 2-6 詳細展現了主要歐元區家庭金融資產細項的占比情況,詳細分為存款、共同基金、債券、股票(公開交易)、在外借款、私人養老金或人壽保險、其他金融資產等項目情況。

表 2-6　　　　　　　　　　歐洲家庭金融資產細項占比　　　　　單位:%

|  | 盧森堡 | 馬耳他 | 荷蘭 | 奧地利 | 葡萄牙 | 斯洛文尼亞 | 斯洛伐克 | 芬蘭 |
| --- | --- | --- | --- | --- | --- | --- | --- | --- |
| 存款 | 43.7 | 51.2 | 33.9 | 63.5 | 70.6 | 61.9 | 75.1 | 51.9 |
| 共同基金 | 20.5 | 3.9 | 6.4 | 11.8 | 4.2 | 8.3 | 2.8 | 11.5 |
| 債券 | 6.1 | 15 | 4.3 | 6.9 | N | N | N | 1 |
| 股票(公開交易) | 7.2 | 7.6 | 3.5 | 3.1 | 6.7 | 3.5 | N | 26.1 |
| 在外借款 | 2.2 | 1.8 | 1.7 | 3.5 | 6 | 8.6 | 4.4 | M |
| 私人養老金或人壽保險 | 19.1 | 16.8 | 49.3 | 8.9 | 10.4 | 16.1 | 11.2 | 9.5 |
| 其他金融資產 | 1.2 | N | 0.9 | 2.2 | N | N | N | M |

數據來源:《歐元區家庭金融消費調查》,2013 年。

　　從表 2-6 的數據可以看出,在歐洲家庭的金融資產構成情況中,持有比例最大的金融資產是存款,這一項比例的占比顯著高於其他金融資產項目,其次是私人養老金或人壽保險,股票資產占金融資產的比例除芬蘭為 26.1%、斯洛

文尼亞為11.6%，公布數據的其他幾個國家均低於10%。總體來看歐洲家庭的金融資產持有偏向於風險保守。

## 2.2 日本以及韓國家庭金融的特點

與歐美國家相比，日韓兩國的地理位置更臨近中國，在歷史文化以及價值觀等方面與中國有很多相似的地方，研究這兩個國家的家庭金融方面的一些特點，對研究分析中國家庭金融特徵、預測中國家庭金融的可能的變化趨勢都有很好的借鑑意義。

日本以及韓國同屬東亞地區，與歐美地區相似，這兩個國家在歷史文化方面也有不少相似的地方，所以我們把這兩個國家放在一起比較一下他們的家庭金融的一些特點。

### 2.2.1 日本家庭金融的特點

首先，從總體上來看一下，在1990—2008年這段時間日本家庭金融資產結構的變化情況。

表2-7　　1990—2008年日本家庭金融資產比例變化情況　　單位:%

| 年份 | 金融資產餘額（兆元） | 現金 | 銀行存款 | 股票 | 股票外證券 | 保險、年金、準備金 | 借入資金 |
| --- | --- | --- | --- | --- | --- | --- | --- |
| 1990 | 1,017.0 | 1.7 | 45.5 | 9.6 | 16.9 | 20.8 | 27.6 |
| 1991 | 1,025.8 | 1.7 | 48.6 | 9.7 | 12.2 | 22.3 | 28.2 |
| 1992 | 1,076.3 | 1.7 | 48.4 | 9.7 | 11.0 | 23.4 | 27.8 |
| 1993 | 1,133.8 | 1.7 | 48.2 | 9.4 | 10.8 | 24.2 | 27.3 |
| 1994 | 1,177.2 | 1.7 | 49.2 | 8.6 | 10.0 | 25.0 | 27.3 |
| 1995 | 1,256.1 | 1.7 | 48.3 | 8.2 | 11.4 | 25.3 | 26.4 |
| 1996 | 1,260.4 | 1.9 | 50.3 | 7.7 | 8.1 | 26.6 | 27.2 |
| 1997 | 1,286.4 | 2.0 | 51.9 | 6.7 | 7.0 | 27.0 | 27.1 |
| 1998 | 1,327.7 | 2.2 | 52.2 | 6.1 | 7.2 | 27.0 | 26.2 |
| 1999 | 1,401.1 | 2.2 | 50.8 | 5.8 | 9.8 | 26.3 | 25.2 |
| 2000 | 1,388.7 | 2.4 | 51.6 | 5.9 | 7.7 | 27.1 | 25.3 |

表2-7(續)

| 年份 | 金融資產餘額（兆元） | 現金 | 銀行存款 | 股票 | 股票外證券 | 保險、年金、準備金 | 借入資金 |
|---|---|---|---|---|---|---|---|
| 2001 | 1,371.1 | 2.7 | 53.0 | 5.2 | 6.2 | 27.6 | 25.1 |
| 2002 | 1,356.7 | 2.9 | 53.4 | 4.6 | 5.3 | 27.7 | 24.7 |
| 2003 | 1,408.4 | 2.8 | 51.9 | 4.6 | 8.3 | 26.7 | 23.6 |
| 2004 | 1,427.1 | 2.9 | 51.2 | 5.1 | 9.3 | 26.7 | 22.9 |
| 2005 | 1,516.5 | 2.7 | 47.9 | 6.0 | 13.0 | 25.7 | 21.7 |
| 2006 | 1,543.7 | 2.7 | 47.0 | 6.9 | 13.0 | 25.9 | 21.1 |
| 2007 | 1,464.5 | 2.9 | 49.9 | 7.3 | 8.1 | 27.4 | 21.8 |
| 2008 | 1,409.3 | 3.1 | 52.6 | 6.4 | 5.9 | 27.9 | 22.3 |

數據來源：日本銀行《資金循環統計》。

註：股票外證券包括政府短期證券、國債、地方債券、金融債券、投資信託收益證券等。

從表2-7可以看出，日本家庭金融資產結構相對於歐美家庭金融資產結構的特點偏向於保守，從1990年到2008年日本家庭一直更大比例地持有風險水平低的儲蓄存款和保險、年金、準備金等資產，在家庭金融資產結構中的占比在2008年分別為52.6%和27.9%，總和超過80%。泡沫經濟的破裂使得日本家庭金融資產結構中股票的比例從1990年的9.6%下跌到2008年的6.4%，即使中間有小幅反彈波動，但總體上呈現下降趨勢。

其次，按照不同角度劃分的家庭金融資產的持有特徵來看，從年齡特徵上來看，50歲以上的家庭持有金融資產的比例占到了80%以上，從中可以看出資產主要集中於老年家庭群體。在資產選擇行為方面，20歲代際和70歲代際家庭更偏向於持有銀行存款，其60%以上的資產配置在銀行儲蓄存款上，而不超過20%的資產配置在保險資產上。而年齡代際在這之間的家庭則持有了30%左右的保險資產，而僅僅持有50%左右的銀行儲蓄。從家庭的職業特徵上來看，製造業和服務業家庭共持有40%以上的家庭金融資產，同時公共事業、批發及零售業、建築業家庭共持有30%左右的份額，醫療福利、農林漁業、運輸郵政業家庭則共持有15%左右的資產份額。上述特徵和日本當前的產業結構基本上是符合的。最後從收入上來看，年均收入在300萬~500萬和500萬~750萬日元的家庭共占金融資產總額的60%左右。年均收入在小於300萬、750萬~1,000萬、1,000萬~1,200萬及1,200萬日元以上的家庭分別占了資產總額的10%，日本家庭中間階層占據了金融資產的大部分份額，呈現「棗

核」特徵的分布態勢。

### 2.2.2 韓國家庭金融的特點

韓國同屬於東亞國家，我們再看一下韓國的家庭金融的金融資產構成，以及實物資產與金融資產的占比方面的一些特點。

首先來看一下韓國家庭金融資產配置的一些情況，見表 2-8。

表 2-8　　　　韓國家庭金融資產配置情況（2009 年）　　　　單位：%

| 項目 | 現金、存款 | 股票 | 債券 | 基金 | 保險、養老金 | 其他金融產品 |
|------|-----------|------|------|------|------------|-------------|
| 占比 | 45.4 | 18.7 | 4.0 | 7.1 | 23.8 | 1.1 |

數據來源：韓國金融投資協會（KOFIA）2010 年發布的《韓、美、日三國金融投資者資產配置比較》。

從表 2-8 的數據來看，2009 年韓國家庭的現金、存款項目在家庭金融資產中的占比達到 45.4%，其次是保險、養老金資產，兩項相加占比達到 69.2%，所以總體來看韓國家庭也傾向於持有無風險資產。

其次來看在韓國家庭的總資產中，實物資產與金融資產的占比比例情況。

表 2-9　　　韓國家庭實物資產與金融資產配置情況（2012 年）　　　單位：%

| 項目 | 實物資產 | 金融資產 |
|------|---------|---------|
| 占比 | 75.1 | 24.9 |

數據來源：韓國金融投資協會（KOFIA）2012 年發布的《韓國家庭金融資產的特徵及啟示》。

從表 2-9 的數據來看，韓國家庭在 2012 年的家庭資產中實物資產占了非常大的比例，達到 75.1%，遠高於歐美的 50% 左右的占比，更高於日本的 40.9% 的占比數據。這可能主要是韓國的房價總體相對偏高的緣故，而大約 40% 的韓國人口又居住在房價非常高的首都首爾。

下面再具體看一下，韓國家庭關於儲蓄存款與金融理財產品的持有比例的變化情況，見圖 2-1、圖 2-2。

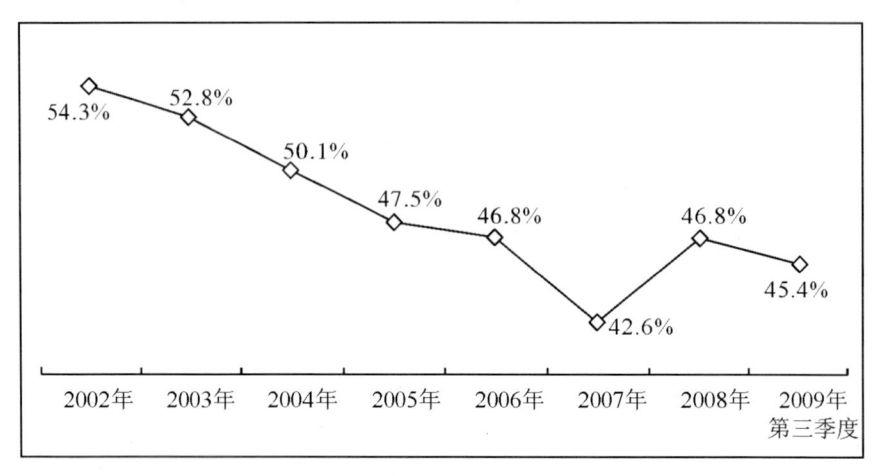

图 2-1 韓國家庭現金存款占比歷年走勢圖

數據來源：韓國金融投資協會（KOFIA）2012 年發布的《韓國家庭金融資產的特徵及啟示》。

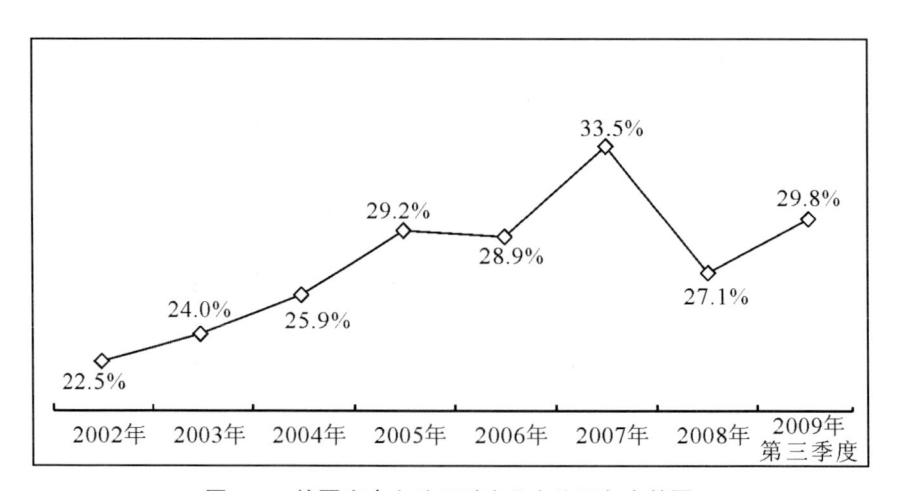

圖 2-2 韓國家庭金融理財產品占比歷年走勢圖

數據來源：韓國金融投資協會（KOFIA）2012 年發布的《韓國家庭金融資產的特徵及啟示》。

從圖 2-1、圖 2-2 可以看出，從 2002 年到 2009 年第三季度的數據來看，韓國家庭持有的現金存款占金融資產的比例總體上呈現下降趨勢，而金融理財產品的占比總體則呈現出上升態勢。

## 2.3　歐美、日韓家庭金融的異同比較

從總體上看，美國家庭由於其所處的主要的美國的金融市場更加發達，金融機構、投資理念更為先進等原因，相對歐洲和日韓家庭來說，最顯著的特點就是其持有更多地直接或者間接的股票資產的投資，而這種持有方式更多的是通過持有具有更專業投資能力的基金等來間接持股的。這樣來看，美國家庭在總體上更好地分享到了美國經濟增長所帶給他們的財產性收入。

歐洲家庭和日韓家庭相對美國家庭來說，更加保守，持有相對更大比例的低風險金融資產，如債券、存款等，這點在日韓家庭體現得更加明顯。

日韓作為中國的亞洲近鄰，其家庭在資產配置風格上更接近中國家庭的特點，現金存款的持有比例都超過了40%。這雖然降低了家庭資產配置的金融風險，但也遏制了其獲得更好的投資收益的機會。由於日韓的金融市場相對中國已經比較發達，但從這一顯著低於美國家庭在這一項目上配置比例的數字來看，中、日、韓等國家在資產配置上的保守的特點更多地不是受限於本國金融市場的發展的因素，而更可能來自文化背景的影響。這也啟示我們，為了多元化和更加優化中國家庭資產配置的方式，我們在一方面應不斷加強金融市場建設的同時，另一方面應該加強對家庭更加合理的投資理念的引導，以使其更好地配置其資產，獲得更高的財產性收入。

在對相關概念進行界定，以及對國家間家庭金融的一些特點進行比較以後，下面，我們正式展開本書對中國家庭金融各方面特徵的具體研究。

# 3 中國家庭金融發展的現狀及存在的問題

## 3.1 中國家庭金融發展的現狀

改革開放以來，中國經濟實現了騰飛，居民收入也得到大幅提高。1978年到1992年是中國經濟運行體制的探索階段，與經濟改革相適應，多年來計劃經濟主導的中國金融體制也發生了重大變革。但這個階段中國的金融行業正在初步地從計劃經濟向市場經濟轉型，由於企業發展的需要和個人收入的增加，家庭開始對金融產品有所需求，國家政策也逐步放開證券投資業和保險業，但這個階段家庭對金融市場的參與度嚴重不足，同時整個金融行業距離服務行業的規範差距還很大。

總的來說，中國家庭金融經歷了如下變遷的過程：

（一）初成雛形階段：1992—2001年

自從1992年中國市場經濟體系初步建立①，中國家庭金融的特徵初成雛形。從市場供給方面來看，1990年和1991年滬、深兩個證券交易所的設立，標誌著中國的證券行業走入一個新的發展時期。從1992年開始，國家陸續頒布了《股票發行與交易暫行條例》《企業債券管理暫行條例》等一系列法規，使得股票和債券的交易行為逐步走上正軌，此時中國個人投資者對個人金融產品的需求基本在這裡實現。保險行業也在此時實現了商業化運作。金融服務在這個階段開始被提及，在國有銀行商業化運作、直接融資市場開始發育和保險公司市場化運作的同時，家庭對金融產品也有了可選擇的餘地，因此相應地也對金融企業提出了金融服務的需求。

---

① 1992年10月，在舉世矚目的中共十四大會議上，江澤民明確提出：中國經濟體制的改革目標是建立社會主義市場經濟體制。

（二）改革調整階段：2001—2007 年

中國 2001 年加入世界貿易組織（WTO）之後，中國經濟市場化運行體制逐漸完善，但是金融體制的發展和市場化程度明顯跟不上市場發展步伐。隨後，中國的金融體制開始了大刀闊斧的改革，國家也設立了專門的機構對銀行業、證券業、保險業進行更加有效的監管，市場在金融產品供給上有了進一步的改善和提升。加入 WTO 將中國經濟的運行融入全世界的大環境，對於家庭金融更是一個機遇和挑戰，面對國際規則和發達國家完善的運作，中國家庭金融從製度創新、技術創新和產品創新上都得到了改進和調整。

（三）快速發展階段：2007 年至今

2007 年之後，中國家庭金融得到了更大程度的發展，儘管中間遭遇了 2008 年的全球金融危機的衝擊，但是市場創新的步伐並沒有停止。由於家庭理財意識的提高，家庭對金融市場參與的深度和廣度也在加大。同時我們也看到在這段時期，中國的房價上漲的趨勢愈演愈烈，由於家庭始終對房價保持著上漲的預期，家庭對房地產的超配問題也在這個時期表現得更加突出。

### 3.1.1 家庭部門流量資產的發展現狀

近年來，隨著居民收入水平的不斷提高，居民家庭資產種類不斷增加，其資產選擇行為也成為學術界研究的焦點。家庭持有的資產通常被分為金融資產和非金融資產兩大類。金融資產包括現金、儲蓄存款、股票、債券、保險等，而非金融資產則包括住宅、耐用消費品、經營性資產等，其中住宅是家庭非金融資產的主要構成部分。西南財經大學《中國家庭金融調查（2010）》的數據表明，中國家庭有 70.9% 的資產配置在住房上，5.3% 的資產配置到了金融資產上。自 2003 年以來，中國房地產價格不斷上升，高房價以及對房價進一步上漲的預期，使得居民將大量家庭資產投資於房地產，從而對其家庭金融資產的配置也產生了影響。分析住宅資產和金融資產配置背後的行為邏輯，對於引導家庭合理配置資產、促進相關行業的發展具有重要意義。

現有對於家庭資產的配置的研究一般是從兩個角度進行的：一個是從抽樣調查中獲得微觀數據，如張大永、曹紅（2012）[1] 利用 CHFS 的數據分析家庭財富和消費的關係，其研究表明房地產的總財富效應大於金融資產的財富效應；另一個就是利用中國人民銀行公布的住戶部門金融流量數據，如孔丹鳳、

---

[1] 張大永，曹紅. 家庭財富與消費：基於微觀調查數據的分析 [J]. 經濟研究，2012，1：53-65.

吉野直行（2010）[①] 對家庭部門流量金融資產配置進行分析，詳細考察了居民收入、資產收益和風險對資產配置的影響。

考慮到中國目前的微觀數據僅限於某一年份，不方便進行長期的動態分析，繼而無從考察中國家庭金融的變遷過程。下面我們將利用1992—2010年中國人民銀行公布的家庭流量資產數據，從動態變遷的視角分析家庭金融資產和住宅資產的選擇行為，從而刻畫出中國家庭金融變遷發展的脈絡。具體見表3-1。

表3-1　1992—2010年中國家庭部門金融資產和住宅資產流量情況

單位：億元

| 年份 | 通貨 | 存款 | 股票 | 債券 | 保險準備金 | 證券投資基金 | 證券公司客戶保證金 | 居民住宅銷售額 |
|---|---|---|---|---|---|---|---|---|
| 1992 | 857 | 2,694 | 175 | 671 | 53 | 0 | 0 | 379.849,3 |
| 1993 | 1,133 | 3,369 | 198 | 300 | 88 | 0 | 0 | 729.191,3 |
| 1994 | 1,067 | 6,170 | 42 | 432 | 57 | 0 | 0 | 730.520,8 |
| 1995 | 447 | 7,723 | 23 | 585 | 91 | 0 | 0 | 1,024.071 |
| 1996 | 783 | 8,515 | 306 | 1,260 | 127 | 0 | 0 | 1,106.901 |
| 1997 | 1,222 | 7,496 | 858 | 1,330 | 278 | 0 | 0 | 1407.555 |
| 1998 | 851 | 9,257 | 766 | 1,414 | 298 | 0 | 0 | 2,006.87 |
| 1999 | 1,869 | 7,281 | 875 | 1,616 | 573 | 0 | 0 | 2,413.73 |
| 2000 | 994 | 6,610 | 1,528 | 696 | 1,247 | 0 | 0 | 3,228.60 |
| 2001 | 874 | 9,973 | 1,144 | 764 | 1,156 | 0 | 0 | 4,021.15 |
| 2002 | 1,319 | 14,252 | 636 | 881 | 2,543 | 0 | 0 | 4,957.85 |
| 2003 | 2,048 | 16,560 | 681 | 626 | 3,036 | 0 | 0 | 6,543.45 |
| 2004 | 1,434 | 15,678 | 717 | -206 | 3,516 | 0 | 0 | 8,619.37 |
| 2,005 | 2,128 | 21,053 | 30 | 240 | 4,202 | 546 | 270 | 14,563.76 |
| 2006 | 2,524 | 21,284 | 672 | 410 | 4,365 | 1,519 | 3,416 | 17,287.81 |
| 2007 | 2,741 | 10,407 | 2,148 | -236 | 6,221 | 3,438 | 8,986 | 25,565.81 |
| 2008 | 3,413 | 46,543 | 2,361 | -613 | 8,084 | 2,936 | -5,430 | 21,196.00 |
| 2009 | 3,358 | 43,160 | 5,281.5 | -774.5 | 8,396 | -1,035 | 2,356 | 38,432.90 |
| 2010 | 5,441 | 44,492 | 5,377.1 | 1,121.4 | 5,638.1 | -456.5 | -737.2 | 44,120.65 |

數據來源：金融資產數據根據歷年資金流量表（金融交易）整理，其中債券包括國債、金融債券、企業債券，住宅銷售額數據來自《中國統計年鑒》。

---

[①] 孔丹鳳，吉野直行. 中國家庭部門流量金融資產配置行為分析 [J]. 金融研究，2010 (3): 24-33.

表 3-1 列示了從 1992 年到 2010 年中國家庭部門金融資產和住宅資產的流量結構的情況。總體來看，家庭部門的金融資產總額總體上呈現不斷增加的趨勢，其中 1992 年的流量僅僅為 4,450 億元，而 2010 年則激增到 60,875.8 億元。家庭資產配置的結構也發生了相應的變化，金融資產的種類包括了通貨、存款、股票、保險準備金、債券、證券投資基金和證券公司客戶保證金。從資產結構上來看，通貨、存款、保險準備金占據了金融資產相當大的份額，反應了家庭資產配置以安全性資產為主，居民表現出較強的風險厭惡特徵。

居民住宅銷售的金額也在不斷增加，從 1992 年的 379.8 億元，增加到 2000 年的 3,222.6 億元，而 2010 年的住宅銷售額則大幅度增加到 444,120.65 億元。同時我們也可以看出居民住宅銷售額也是僅次於存款的流量資產，截至 2010 年，住宅銷售額和存款的流量已經大體相當。這其中的趨勢反應出近幾年來居民對住宅資產的配置大幅增加，這在一定程度上反應出，近些年來存在家庭部門對房地產資產的超配現象。

### 3.1.2 家庭部門流量資產結構變遷的實證分析

學者們在動態考察家庭金融變遷的過程中做了很多有益的研究。楊波（2012）[1] 考察了貨幣政策變化與家庭金融決策的關係。研究表明以利率來衡量的貨幣政策與家庭消費儲蓄比重、消費構成、資產持有存量以及結構變動存在著較大的關係。徐梅和李曉榮（2012）[2] 通過構建一個狀態空間模型考察了在不同經濟週期裡宏觀經濟指標對居民家庭金融資產結構變化的動態影響，在經濟處於上行期時，宏觀經濟對家庭金融資產結構變化的影響會顯著增強。袁志剛等（2005）[3] 在考察居民儲蓄和投資選擇時，分析了當前家庭銀行儲蓄存款占比高企的現狀，並認為低風險資產的缺失是主要原因。

（一）家庭資產配置研究的理論模型設定

在具體展開家庭金融所涉及的各個方面的研究之前，我們先就本書對家庭金融的研究的基本的研究思路的理論模型進行闡述，以便更好地展現本書進行經濟分析的思路。

---

[1] 楊波. 貨幣政策變化與家庭金融決策調整 [J]. 南京大學學報，2012（4）：68-75.

[2] 徐梅，李曉榮. 經濟週期波動對中國居民家庭金融資產結構變化的動態影響分析 [J]. 上海財經大學學報，2012（10）：54-60.

[3] 袁志剛，馮俊. 居民儲蓄與投資選擇：金融資產發展的含義 [J]. 數量經濟技術經濟研究，2005（1）：34-49.

本書對家庭資產配置的連續時間序列的研究，是基於生命週期理論[①]，認為家庭在動態上是以整個生命週期為維度來安排其家庭資產的配置，所以我們首先構建如下的理論模型。

由於在理論模型設定的總體思想上，我們考慮莫迪利安尼的生命週期理論，即認為，人是在整個生命週期中安排其消費和儲蓄的，其會在生命中工作的部分也即收入相對最高的部分進行儲蓄，在沒有工作時或退休後進行對消費的彌補。由於居民家庭是由人組成的，那麼我們認為居民家庭在家庭資產配置方面也在總體上遵循了生命週期理論的思想。

在具體模型的設定上，我們參考了 Gali（2008）、Gilchrist&Saito（2008）的研究，設定了如下的理論模型：

家庭效用函數：

$$Max\ E[\sum_{t=0}^{T}\beta^t u(C_t, D_t, S_t, H_t, \sigma_{Dt}, \sigma_{St}, \sigma_{Ht}) + \beta^{T+1} v(W_{T+1})]$$

其中，$E(\bullet)$ 代表期望算子，$C_t$ 代表當期消費，$u(\bullet)$ 是其效用函數，$\beta$ 代表其時間偏好率。$W_{T+1}$ 是生命週期結束時遺留的財富，$v(\bullet)$ 表示家庭決策者對遺產的效用函數，$D_t$，$S_t$，$H_t$ 表示第 $t$ 期配置在存款、股票、房產上的資產數量。

$$W_t + Y_t - C_t = S_t + D_t + H_t$$

$$W_{t+1} = S_t * (1 + r_{St} \pm \sigma_{St}) + D_t * (1 + r_{Dt} \pm \sigma_{Dt}) + H_t * (1 + r_{Ht} \pm \sigma_{Ht}),$$

$$(t = 0, 1, ... T),\ W_{T+1} \geq 0$$

$$Y_t = wage_t * N_t$$

其中，$W_t$ 為當期的財富或淨資產，$Y_t$ 為當期的收入，$r_{St}$、$r_{Dt}$、$r_{Ht}$、$\sigma_{St}$、$\sigma_{Dt}$、$\sigma_{Ht}$ 分別為股票、存款、房產的收益率和風險，$wage_t$ 為工資，$N_t$ 為勞動時間。

模型的主要思想為，家庭的經濟活動決策主要是安排可用資金在消費、存款、股票等為主的金融資產以及以房產為主的實物資產等資產上面的配置，而家庭資產的最優配置就是最大化資產在這些方面配置的效用。

我們約定家庭的效用函數滿足如下的形式：

$U(C_t, N_t, H_t, D_t, S_t, \sigma_{Dt}, \sigma_{St}, \sigma_{Ht}) = \log C_t + \log H_t - \log N_t - \log N_t * \log D_t - \log N_t * \log S_t - \log N_t * \log H_t + \log D_t + \log S_t + \log D_t * \log S_t + \log H_t * \log S_t + \log H_t * \log D_t - \log \sigma_{D,t} - \log \sigma_{S,t} - \log \sigma_{H,t}$

利用 lagrange 方法對上述方程求解：

$= U - \lambda * (W_{t+1} - S_t * (1 + r_{St} \pm \sigma_{St}) - D_t * (1 + r_{Dt} \pm \sigma_{Dt}) - H_t * (1 + r_{Ht} \pm$

---

[①] 生命週期理論由卡曼（A. K. Karman）於 1966 年首先提出，後來赫塞（Hersey）與布蘭查德（Blanchard）於 1976 年發展了這一理論。

$\sigma_{Ht}$))

然後 分別對 $r_{St}$、$r_{Dt}$、$r_{Ht}$，$\sigma_{St}$、$\sigma_{Dt}$、$\sigma_{Ht}$ 求偏導：

$$3*\log H_t + \frac{wage_t * N_t}{D_t * \sigma_{D,t}} + 1 = \frac{2*H_t}{D_t * \sigma_{D,t}} + \frac{1+r_{D,t} \pm \sigma_{D,t}}{\sigma_{D,t}} + \frac{1+r_{S,t} \pm \sigma_{S,t}}{\sigma_{S,t}} + \frac{1+r_{H,t} \pm \sigma_{H,t}}{\sigma_{H,t}}$$

同理求出 $S_t$，$D_t$ 的表達式，忽略無關變量，我們對上述式子進行線性標準化處理以後：

$$H_t = \alpha_1 N_t + \alpha_2 Y_t + \alpha_3 r_{Dt} + \alpha_4 r_{St} + \alpha_5 r_{Ht} + \alpha_6 \sigma_{Dt} + \alpha_7 \sigma_{St} + \alpha_8 \sigma_{Ht}$$

$$S_t = \alpha_1 N_t + \alpha_2 Y_t + \alpha_3 r_{Dt} + \alpha_4 r_{St} + \alpha_5 r_{Ht} + \alpha_6 \sigma_{Dt} + \alpha_7 \sigma_{St} + \alpha_8 \sigma_{Ht}$$

$$D_t = \alpha_1 N_t + \alpha_2 Y_t + \alpha_3 r_{Dt} + \alpha_4 r_{St} + \alpha_5 r_{Ht} + \alpha_6 \sigma_{Dt} + \alpha_7 \sigma_{St} + \alpha_8 \sigma_{Ht}$$

從上式我們可以看出，資產的配置與收入、各項資產的風險和收益有關，拓展到多種資產的時候，我們仍然可以得到類似的結果。

在對理論模型進行分析後，我們進一步利用前面的時間序列數據開展實證研究。看看在一個動態的時間內家庭資產的配置有哪些方面的演化，以及家庭在各項資產的配置選擇時受到哪些因素的影響，並重點研究一下近年來家庭部門不斷加大房地產資產配置的現象，分析研究近年來家庭對宏觀通貨膨脹的預期是否比較強地影響了家庭對房地產資產的配置，或者是否存在本書認為的近年來表現出的家庭對房地產資產的超配現象。

（二）計量模型設定和數據說明

上述的理論模型表明收入、資產的收益率、資產風險是影響家庭資產配置的重要因素。根據理論模型的思想，結合我們考察的重點，設定計量模型如下：

$$Ln(\Delta X) = \alpha_0 + \alpha_1 r + \alpha_2 \sigma + \alpha_3 Y + \alpha_4 CPI + \mu \quad (1)$$

式中，$Ln(\Delta X)$ 為流量資產的對數，r 為資產的收益率，$\sigma$ 為資產的風險，Y 為居民收入。

流量金融資產（包括現金、存款、股票、債券等）數據來自歷年的中國統計年鑒中資金流量表的金融交易部分，我們用住宅銷售額來衡量家庭部門每年房產的增量。居民收入為城鄉居民可支配收入的平均值。存款利率選取一年期存款基準利率，如果每年裡有幾次調整，則進行算術平均得到當年的存款利率。股票收益率來自滬深300指數的收益率。同時我們選取三年期國債利率作為當年的國債利率，如果一年內多期發行的憑證式、記帳式國債，採用算術平均法得到相應的國債利率。在存款風險和債券風險的計算上，我們將三年收益

率的標準差作為風險的度量,如 2000 年的存款風險指標為 1998 年、1999 年、2000 年三年存款利率與平均利率的標準差,由於股票價格波動頻繁,我們使用全年每月指數收益率的標準差作為股票投資風險的衡量。

我們注意到,近年來家庭部門對房地產的配置比例越來越高,不少家庭把一代人或者幾代人累積的財產大量配置到房地產資產中,把收入變成了一套又一套的房子。本書認為,近年來物價上漲等因素表現出來的通脹預期,是影響居民家庭不斷提高房地產資產配置的重要原因。為充分反應通脹預期對家庭房地產資產配置的影響,我們再構建如下計量迴歸模型:

$$Ln(\Delta H) = \alpha_0 + \alpha_1 r + \alpha_2 \sigma + \alpha_3 Ln(Y) + \alpha_4 CPI_t + \alpha_5 CPI_{t+1} + \mu \quad (2)$$

$$Ln(\Delta H) = \alpha_0 + \alpha_1 r + \alpha_2 \sigma + \alpha_3 Ln(Y) + \alpha_4 CPI_t + \alpha_5 CPI_{t+2} + \mu \quad (3)$$

(2)、(3)式分別考察了居民預期一期居民消費價格指數(CPI)和預期兩期 CPI 對房產資產配置的影響。

(三)實證分析結果

我們首先用下面的一系列表格展現所要分析數據的一些重要指標的描述性統計分析情況,以對數據有一個宏觀的瞭解,並且剔除可能存在多重共線性等影響迴歸效果的指標。具體見表 3-2、表 3-3。

從表 3-2、表 3-3 中可以看出,債券收益率和存款收益率、債券風險和存款風險高度相關,為避免多重共線性對下面迴歸結果的影響,我們剔除債券風險和債券收益率兩個指標。在進行迴歸之前,我們對主要變量的平穩性進行檢驗。表 3-4 匯報了我們的檢驗結果。

表 3-2　　　　　　　　　主要變量的描述統計

| 變量 | 觀測數目 | 平均值 | 標準差 | 最小值 | 最大值 |
| --- | --- | --- | --- | --- | --- |
| 存款收益率 | 19 | 0.046,968,4 | 0.032,765,8 | 0.019,8 | 0.109,8 |
| 股票收益率 | 19 | 0.243,231,6 | 0.621,216,4 | −0.626,5 | 1.738,7 |
| 房產收益率 | 19 | 0.105,989,5 | 0.089,341,6 | −0.016,6 | 0.298,8 |
| 債券收益率 | 17 | 0.056,623,5 | 0.040,074,9 | 0.022,1 | 0.14 |
| 存款風險 | 19 | 0.008,780,3 | 0.006,873,4 | 0.000,779,4 | 0.022,192,6 |
| 股票風險 | 19 | 0.132,999,3 | 0.134,516,9 | 0.046,858,2 | 0.542,959,9 |
| 房產風險 | 19 | 0.062,161,5 | 0.039,725,5 | 0.005,101,2 | 0.126,328,2 |
| 債券風險 | 15 | 0.011,598,6 | 0.008,832,8 | 0.002,807,2 | 0.028,709,9 |

表 3-3　　　　　　　　　　各變量間的相關係數

|  | 存款收益率 | 股票收益率 | 房產收益率 | 債券收益率 | 存款風險 | 股票風險 | 房產風險 | 債券風險 |
|---|---|---|---|---|---|---|---|---|
| 存款收益率 | 1 |  |  |  |  |  |  |  |
| 股票收益率 | 0.318,5 | 1 |  |  |  |  |  |  |
| 房產收益率 | 0.122,4 | 0.516,7 | 1 |  |  |  |  |  |
| 債券收益率 | 0.979,3 | 0.252,7 | 0.125,4 | 1 |  |  |  |  |
| 存款風險 | 0.551,3 | 0.076,1 | -0.224,6 | 0.585,4 | 1 |  |  |  |
| 股票風險 | 0.462,4 | 0.433,6 | 0.077,7 | 0.477,3 | 0.251,5 | 1 |  |  |
| 房產風險 | -0.261,7 | 0.007,9 | 0.380,6 | -0.147,0 | -0.159,7 | 0.246,4 | 1 |  |
| 債券風險 | 0.456,6 | 0.020,3 | -0.304,1 | 0.477,1 | 0.923,1 | 0.312,2 | -0.070,1 | 1 |

表 3-4　　　　　　　　　　ADF 平穩性檢驗

|  | ADF 值 | 原階 P 值 | 結果 | 一階 ADF 值 | 一階 P 值 | 結果 |
|---|---|---|---|---|---|---|
| cpi | -1.507,8 | 0.506,9 | 不平穩 | -3.223,7 | 0.036,3 | 平穩 |
| depositreturn | -2.608,0 | 0.281,1 | 不平穩 | -4.153,0 | 0.024,4 | 平穩 |
| depositrisk | -1.479,4 | 0.520,7 | 不平穩 | -3.777,7 | 0.012,4 | 平穩 |
| housereturn | -3.406,8 | 0.081,8 | 不平穩 | -8.585,5 | 0.000,0 | 平穩 |
| houserisk | -2.166,9 | 0.223,9 | 不平穩 | -3.929,9 | 0.009,8 | 平穩 |
| lncash | 0.747,0 | 0.989,1 | 不平穩 | -4.807,9 | 0.001,8 | 平穩 |
| lndeposit | -1.383,8 | 0.566,7 | 不平穩 | -5.741,8 | 0.000,3 | 平穩 |
| lnhouse | 0.702,7 | 0.988,2 | 不平穩 | -9.667,8 | 0.000,0 | 平穩 |
| lnsecure | -1.411,0 | 0.553,5 | 不平穩 | -4.509,1 | 0.002,9 | 平穩 |
| lnstock | -1.733,0 | 0.399,1 | 不平穩 | -4.539,6 | 0.002,8 | 平穩 |
| shouru | -2.571,0 | 0.295,2 | 不平穩 | -4.431,0 | 0.014,0 | 平穩 |
| stockreturn | -1.828,5 | 0.648,3 | 不平穩 | -4.560,7 | 0.010,2 | 平穩 |
| stockrisk | -1.446,2 | 0.809,8 | 不平穩 | -4.338,1 | 0.003,8 | 平穩 |

從表 3-4 中，我們可以看到主要的變量不平穩的，但一階差分後是平穩的，因此這些變量都是一階單整的，因此滿足我們進行迴歸分析的前提條件。

為了避免偽迴歸現象的出現，我們對房產、股票、存款、國債和保險準備金五個迴歸方差的殘差序列進行單位根檢驗，表 3-5 匯報了我們的檢驗結果。

表 3-5　　　　　　　　　　單位根檢驗結果

|  | ADF 統計量 | P 值 |
| --- | --- | --- |
| LnH 迴歸式殘差 | −3.510 | 0.007,7 |
| LnS 迴歸式殘差 | −4.353 | 0.000,4 |
| LnD 迴歸式殘差 | −5.001 | 0.000,0 |
| LnC 迴歸式殘差 | −5.441 | 0.000,0 |
| LnI 迴歸式殘差 | −3.187 | 0.020,7 |

註：ADF 統計量 1%的臨界值為−3.750，5%的臨界值為−3.000，10%的臨界值為−2.630。

從表 3-5 中我們可以看到所有迴歸式的殘差的 ADF 值小於 5%的臨界值，大部分迴歸式的殘差小於 1%的臨界值，因而我們認為不存在單位根，因而迴歸方程也就不存在虛假迴歸的問題。下面我們使用剩餘的指標對所分析變量分別進行迴歸分析，表 3-6 報告了我們的估計結果。

表 3-6　　　　　　　　　　計量迴歸結果（一）

|  | LnH | LnS | LnD | LnC | LnI |
| --- | --- | --- | --- | --- | --- |
| c | 2.074,019 (1.06) | 6.904,087 (0.62) | 11.216,27 (4.05) | 3.758,777 (1.22) | −1.433,444 (−0.45) |
| $R_h$ | 0.203,838,2 (0.22) | 2.852,387 (0.53) | −1.413,832 (−1.06) | 0.781,951,6 (0.52) | 1.307,678 (0.86) |
| $R_s$ | 0.219,368,9* (2.10) | 0.058,781 (0.1) | −0.242,817,1 (−1.64) | −0.018,435 (−0.11) | 0.062,397 (0.37) |
| $R_d$ | −21.134,1*** (−4.32) | −14.557,64 (−0.52) | 9.586,921 (1.38) | −10.283,63 (−1.33) | −39.124,25*** (−4.94) |
| $\sigma_h$ | 1.024,373 (0.41) | −13.631,29 (−0.96) | 1.297,498 (0.37) | −2.603,246 (−0.66) | −6.222,995 (−1.55) |
| $\sigma_s$ | −1.627,623** (−3.06) | 1.906,392 (0.63) | −1.084,09 (−1.44) | 1.401,575 (1.67) | −1.767,027* (−2.06) |
| $\sigma_d$ | −9.240,288 (−0.82) | 100.955,5 (1.57) | −24.165,19 (−1.51) | 18.026,5 (1.01) | −13.431,52 (−0.74) |

表3-6(續)

|  | $LnH$ | $LnS$ | $LnD$ | $LnC$ | $LnI$ |
| --- | --- | --- | --- | --- | --- |
| $Y$ | 0.000,295,5*** <br>(8.73) | 0.000,4* <br>(2.07) | 0.000,217,4*** <br>(4.52) | 0.000,188,8*** <br>(3.52) | 0.000,296,5*** <br>(5.42) |
| $CPI$ | 0.055,275,5** <br>(2.77) | −0.026,426,7 <br>(−0.23) | −0.028,928,3 <br>(−1.02) | 0.025,907,3 <br>(0.82) | 0.086,082,7* <br>(2.66) |
| $R^2$ | 0.989,6 | 0.708,0 | 0.930,4 | 0.859,5 | 0.982,4 |
| 觀測值 | 19 | 19 | 19 | 19 | 19 |

註：(1) ***、**、*分別為1%、5%和10%顯著水平下有意義。

(2) 括號裡匯報了t值。

(3) $H$、$S$、$D$、$C$、$I$分別表示房產、股票、存款、現金和保險準備金，$c$為截距項，$R_h$、$R_s$、$R_d$分別為房產、股票和存款的收益率，$\sigma_h$、$\sigma_s$、$\sigma_d$分別為房產、股票、存款的風險，$Y$為居民收入，$CPI$為居民消費物價指數。

在上述迴歸結果的列表裡，我們發現當被解釋變量為房產時（取對數），其和股票市場的收益率在10%的顯著水平下正相關，這反應了如果股票市場的賺錢效應明顯，居民傾向於利用股票市場的收益投資於房地產市場；同時和股票市場的風險負相關，即如果股票市場波動較大，會降低居民對股票市場的參與率，進而把資產配置到房地產上。

如果存款的收益較高，會在一定程度上抵消居民對通脹的預期，由此也會降低家庭在房地產資產上面的資產配置，所以我們觀察到存款的收益率和房產銷售額顯著負相關。此外，通脹本身也會增加居民家庭對房地產資產的配置，短期來看房地產是抗通脹的良好工具。對於股票、存款、現金、保險，收入作為解釋變量均顯著，反應出居民收入的增加會增加相應資產持有的數量。

保險市場近幾年大幅發展，得益於居民在保險上配置資產比例的增加，保險資產的配置和存款也有著明顯的替代效應，其和存款收益率在1%的顯著水平下顯著正相關，反應出當前在社保體系不健全的情況下，居民對自身健康、養老等方面的關切。

接下來，為了重點考察通脹預期對居民家庭超配房地產資產的影響，我們設定了上述的（2）、（3）式來考察通脹預期是否是近些年來居民家庭增加房地產資產配置的原因。我們根據上述的計量模型，得到相應的估計結果；類似地，我們對估計式的殘差序列進行單位根檢驗，序列是平穩的，因而不存在偽迴歸的現象。表3-7報告了我們的計量結果。

表 3-7　　　　　　　　　計量結果（二）

| | $LnH$ | $LnH$ |
|---|---|---|
| $c$ | −14.019,18 *** <br> (−6.62) | −20.304,99 *** <br> (−6.25) |
| $R_h$ | 0.059,376,05 <br> (0.82) | 0.986,108,9 <br> (1.55) |
| $R_s$ | 0.021,896,4 <br> (0.26) | 0.170,879,7 ** <br> (2.54) |
| $R_d$ | −8.232,871 * <br> (−1.95) | −14.662,4 *** <br> (−4.64) |
| $\sigma_h$ | 1.190,016 <br> (0.7) | 0.518,305,5 <br> (0.29) |
| $\sigma_s$ | 0.105,228,5 <br> (0.24) | −1.421,977 * <br> (−2.12) |
| $\sigma_d$ | −6.504,729 <br> (−0.83) | 10.848,71 <br> (1.22) |
| $LnY$ | 2.276,052 *** <br> (11.78) | 2.241,355 *** <br> (14.47) |
| $CPI_t$ | −0.006,633,4 <br> (−0.35) | 0.045,606,2 ** <br> (3.04) |
| $CPI_{t+1}$ | 0.039,247,7 ** <br> (2.69) | |
| $CPI_{t+2}$ | | 0.016,071,2 ** <br> (3.30) |
| 調整後 $R^2$ | 0.990,3 | 0.991,7 |
| 觀測值 | 18 | 17 |

註：（1）***、**、* 分別為 1%、5% 和 10% 顯著水平下有意義。

（2）括號內為 t 值。

（3）$H$、$S$、$D$、$C$、$I$ 分別表示房產、股票、存款、現金和保險準備金，$c$ 為截距項，$R_h$、$R_s$、$R_d$ 分別為房產、股票和存款的收益率，$\sigma_h$、$\sigma_s$、$\sigma_d$ 分別為房產、股票、存款的風險，$Y$ 為居民收入，$CPI$ 為居民消費物價指數。

比較表 3-6、表 3-7 兩列的迴歸結果，我們發現 $CPI_{t+2}$ 比 $CPI_{t+1}$ 有更好的結果，同時 $R^2$ 有提高。這一方面反應出居民對通貨膨脹的預期而增加當期對房地產資產的配置，另外一方面這種預期不單單包含短期對通貨膨脹的預期，更長時間的預期也會增加家庭對房地產資產的配置。居民的這種過度對通貨膨

脹的預期會增加對房地產的需求，從而出現房地產的超配現象。

而如此超配房地產的方式，是否是居民家庭更合理地配置資產的方式我們接下來將進一步討論。

我們的分析結果表明金融資產配置對自身收益不敏感，但對其他金融資產的收益和風險敏感，表現出較強的替代效應；同時基於通貨膨脹的預期會增加家庭房地產的配置，而過度預期又會造成房地產的超配。在當前調控房地產發展的背景下，政府應該合理引導居民預期，使其主動調整家庭資產配置。

家庭可支配收入的提高增加了居民投資理財的需求，從上文中我們的實證結果也能夠看到，居民收入增加能夠顯著影響各項資產的配置。同時隨著居民受教育程度的不斷提高，其對金融產品的認識也有了相應的提升，因而對金融市場有了更多的參與熱情。居民家庭內部的影響因素對家庭資產的配置有著很重要的影響。在第四章的實證分析中，我們將詳細利用微觀家庭數據考察居民內部因素對家庭金融的影響。

## 3.2 中國家庭金融中存在的問題

在我們對近年來中國家庭金融發展現狀進行了理論的梳理與實證的研究後，我們接下來分析一下目前中國家庭金融中在總體上存在哪些問題，使我們在後面更好地對中國家庭金融進行進一步的研究分析。

### 3.2.1 家庭儲蓄率過高

中國家庭的儲蓄率一直保持在相對較高的水平上，遠遠高於世界平均水平。過高的儲蓄率在一定程度上導致了消費的不足，同時使家庭金融資產也暴露在通貨膨脹的風險敞口之下，這種局面無論對於宏觀經濟的穩定增長，還是對於家庭資產的保值增值都是相當不利的。

高儲蓄率的形成，其原因是多方面的。首先是製度變遷引起的不確定性，家庭儲蓄的預防性動機在其中發揮著重要作用。中國的改革已經告別了「摸著石頭過河」的階段，自下而上的誘致性改革在過去30多年的改革開放中發揮著重要作用，在今後的改革過程中，自上而下的頂層設計將發揮更具建設性的作用。過去的經驗表明，改革帶來的製度變遷，影響了家庭對投資消費的預期，進而直接影響家庭資產的配置狀況。隨著改革的進一步推進，製度變遷也將持續影響家庭資產的配置。當然製度變遷某種程度上也意味著未來的不確定性，收入和消費的不確定性會強化家庭預防性儲蓄的動機，其會更多地延遲當

前消費，從而來滿足未來消費的需要。這部分儲蓄將被配置在銀行存款等無風險資產上，不確定性引發的避險需求使得家庭在金融資產配置上表現得更加穩健。市場經濟的建設需要首先建立一種規則，然後按照市場規則來制定行為準則。在市場經濟深入的過程中，政府的角色也將完成轉變，從計劃經濟體制全面管理社會的政府轉變成以提供公共產品為主的服務型政府。政府職能的轉變勢必會產生一系列製度上的變遷，張海雲（2010）①詳細討論了轉軌經濟的不確定性對家庭資產配置的影響，認為收入、支出以及金融資產未來收益的不確定性都會影響家庭金融資產當期的配置。未來政府仍將在醫療、教育、社會保障、住房等方面進行深入的改革，與前30年的市場化改革不同，今後的改革路徑會更加注重社會公平，遏制收入差距的進一步擴大。尤其對於低收入群體來講，政府政策會顯著降低其對未來的不確定預期，家庭的投資消費比例將有明顯改變。

收入分配的不均在一定程度上增加了高儲蓄率，低收入階層因為收入較低，儲蓄率也相應較低；而占據社會財富份額較大比例的高收入群體在滿足其消費之後，大部分收入都被儲蓄起來。所以從總體上來看，中國居民家庭的儲蓄率也就保持在相當高的水平上。為了考察財富分配不均對高儲蓄率的影響，我們在後續家庭資產實證分析的章節中，考察了不同財富群組（在這裡，我們按照財富水平，劃分了高、中、低三個群組）儲蓄率的影響因素。由於中國正逐步步入老齡化社會，人口老齡化會激勵居民增加當期儲蓄，由於計劃生育政策的實施，獨生子女家庭大量出現，這些家庭對於未來養老的資金需求，使得他們延遲當期消費，增加儲蓄。從整個宏觀經濟上來看，中國經濟一直保持著高速的增長，這種較高的經濟增長率提高了投資的回報率，投資回報率的提高使得家庭當期消費的成本變高，因此會推動儲蓄率的提高。

儲蓄率的影響因素比較複雜，既有轉型期中國社會自身的特徵，也有家庭內部因素的驅動。我們在後續的研究中，將使用更為詳盡的微觀家庭數據考察各個因素對家庭儲蓄率的影響。

### 3.2.2 家庭對金融市場的參與不足

當前中國家庭的資產配置主要集中在房產和無風險資產（包括現金和存款）上，對金融市場參與的深度和廣度均不夠。我們根據西南財經大學中國

---

① 張海雲. 中國家庭金融資產選擇行為及財富分配效應［J］. 東北財經大學學報，2010（12）.

家庭金融調查與研究中心開展的 CHFS 調查，繪制了中國家庭金融資產的組成。中國家庭金融調查中心披露的居民家庭金融資產結構中未包含借出款，為了彌補核算的偏差，我們採用 CHFS 的數據對中國家庭金融資產的構成進行更為詳細的描述和解讀。為了得出更準確的分析結論，在進行描述統計時，我們使用了 CHFS 給出的抽樣權重。金融資產通常有兩種計算方式：一種是根據一般文獻的常用方法，將社保帳戶資產（包括養老保險、醫療保險、住房公積金與企業年金帳戶等）歸到金融資產當中，得到廣義金融資產；另一種是將社保帳戶資產單獨列出，不計入金融資產。在下面的描述性統計中，我們使用的是狹義金融資產。根據上面對家庭金融資產的界定，我們使用 CHFS 提供的數據對中國家庭金融資產的結構進行細緻的描述，見圖 3-1。

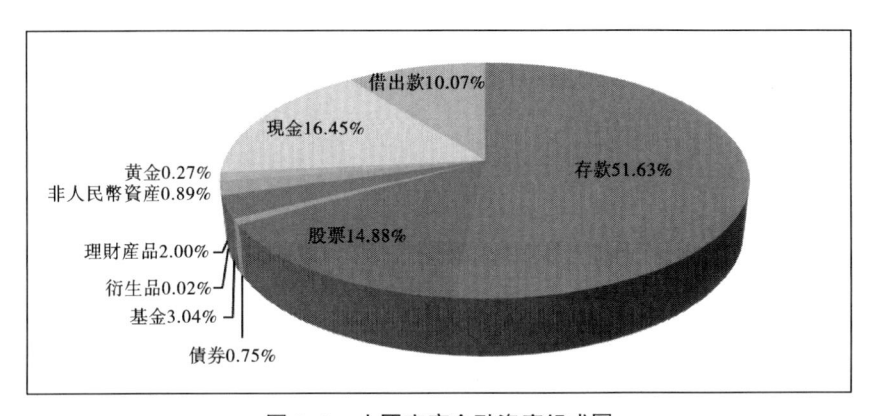

圖 3-1　中國家庭金融資產組成圖

數據來源：CHFS。

在圖 3-1 中，我們可以看到存款、現金、股票屬於家庭金融資產的前三位，存款和現金的總占比超過 65%，反應出中國家庭對無風險資產的偏好。通過前面跨國數據的比較，我們可以發現中國家庭在資產配置上表現得更集中，與東亞其他國家（日本、韓國）相比，中國家庭在無風險資產上有著更多的資產配置，同時由於其他金融產品品種和參與意識的缺乏，中國家庭在股票資產上的財富配置也超過日本（6.9%）和歐元區家庭（14.7%）。由於金融文化和發展程度的影響，中國家庭的資產配置方式既表現出和東亞國家相同的共性，也表現出很強的自身特點。由於正規金融市場參與程度的不足，「非正規金融」對「正規金融」有很強的替代效應，我們注意到借出款在總的家庭金融資產中占比超過 10%，反應出當前民間借貸較活躍。民間借貸的存在反應了當前中國金融體系中借貸渠道不暢，居民有借款需求的時候，主要是通過親朋

好友獲得相應的資金，由此家庭金融資產中有相當一部分被借出款占據。基金和理財產品占比分別為3.04%和2%，銀行理財產品和基金產品通常具有較高的收益，而其風險水平也被控製在適當的程度，因此為廣大家庭所歡迎，是中期配置家庭資產一種比較好的選擇。從圖3-1中，我們也能看到黃金、衍生品、非人民幣資產等占比較低，不足1%。

在當前城鄉二元體制的分割下，城鄉家庭在金融資產配置方面也表現出較大的差異。農村居民由於收入來源不確定性大、社會保險保障程度低等因素的影響，更傾向於把資產配置到無風險資產上，資產配置帶有很強的預防性需求的特點。我們可以發現農村家庭持有的存款占比明顯高於城市家庭，農村家庭由於收入的不確定性、保險保障的缺失導致其儲蓄帶有很強的預防性需求。借出款占比也較城市家庭占據較大份額，反應出農村民間借貸更為活躍和旺盛。對於其他金融理財產品，由於各方面因素的限制，農村家庭的家庭金融資產配置更為單一，以股票為例，其在整個家庭資產構成中僅占到4.04%，而城市家庭則占到了19.64%。這反應了農村居民對金融市場參與的深度要遠遠小於城市家庭，金融知識的缺失以及參與成本等影響因素在其中發揮著重要作用。

在考察城鄉兩種戶籍製度下家庭金融資產的配置時，我們已經發現城市家庭的資產持有更分散，無風險資產的比例更低。中國是一個地區區域發展不平衡的國家，為了充分考察發展水平對家庭資產配置的影響，我們按照東、中、西的分類方式，考察家庭金融資產的配置。我們大體可以得到從東到西，發展程度越低，家庭金融資產持有越來越集中到無風險資產（存款和現金）上的特點。中部地區參與民間借貸的活躍度最高，借出款占家庭金融資產的比例達到了12.81%，同時其持有黃金的比例也最高，占總金融資產的0.48%。因此經濟的發展程度也對金融市場的參與程度有著重要影響。

在金融市場方面，尤其是當前股票市場指數表現不佳，缺乏財富效應，市場投機氛圍濃厚，這在一定程度上也讓一部分家庭對參與股票市場望而卻步。而股票市場對於普通家庭來說，本書認為更適合那些有一定專業知識和經驗、能夠對金融產品進行合理分析、具有判斷能力的家庭進行長期投資，通過長期獲得從上市公司帶來的分紅累積，並在二級市場對股票估值迴歸的推動下來獲得一定的投資收益。對於普通沒有太多投資經驗的家庭不建議直接投資股票市場，這方面可以借鑑美國的經驗。從前面章節的分析數據我們看到，美國家庭對於股票等金融市場的投資大部分是通過共同基金等機構進行的，這樣可以在一定程度上控製風險，減少損失。另外，本書建議，國家應該繼續不斷加強對普通家庭的金融投資知識的普及教育，使家庭更加瞭解資本市場的情況，建立

理性的投資收益預期，幫助想投資於資本市場的普通家庭更多地通過專業金融機構進行投資，並盡量採用長期投資的方式來獲得收益。

當前的金融體制是中國漸進式改革的產物，勢必會存在製度上的欠缺和不完善，存款保險製度、金融衍生品市場、住房抵押貸款證券化等方面的金融製度逐步建立並完善起來，證券市場的定價效率將被進一步提高，同時當前股票市場投機氣氛將得到遏制。更多機構投資者的加入以及證券價格向價值的迴歸都將使得證券市場的財富效應愈發顯著。金融製度變遷帶來的金融產品供給上的改善將引導家庭在金融市場上有更多的資產配置。

衍生品市場作為金融市場的一部分，現階段中國家庭在衍生品上的資產配置比例相當低，而本書預計未來中國的衍生品市場將會迎來一個井噴期。由於國內權證泡沫出現的前車之鑒，中國的監管層在推出衍生品方面表現得比較謹慎，然而衍生品在現代金融市場風險管理中扮演著十分重要的角色，推出更多種類的金融衍生品也是大勢所趨。以韓國為例，交易所的期權交易量是世界上所有交易所當中最大的，一度占全球期權交易量的30%，且50%的交易量由廣大個人投資者貢獻，反應了韓國家庭對衍生品交易的熱情。配置金融衍生品對於家庭來講，一方面可以適當對沖家庭資產組合裡風險性金融資產的風險，另一方面也滿足了家庭的投機性需求，同時為市場注入了更多的流動性。韓國期權交易的成功對中國金融市場建設的啟示是多方面的，證券公司做市商製度的推出保證了衍生品市場的流動性，交易製度的完善使得金融市場的套利均衡能夠充分展現。近年來中國在金融衍生品建設上也做了很多有建設性的工作，但是由於參與門檻較高，風險波動不適合家庭投資者的特徵也制約了目前衍生品市場的進一步擴容。只有破除當前的障礙，結合中國的特點設計一套合理的交易製度，中國的衍生品市場才會有更多的個人投資者加入，家庭也能夠實現自身風險管理、投資套利的需求。

### 3.2.3　家庭資產結構中對房產的超配

家庭購房的決策受多種因素的影響，家庭對住房的需求首先是滿足自身的居住需求，「安居樂業」是中國的傳統思想，因此有住房需求的家庭通常會選擇自購住房，而不是租賃住房。隨著家庭收入水平的提高，越來越多的家庭選擇了購置第二套住房來改善家庭的居住條件。此外，銀行在對住房的金融支持上通過發放住房按揭貸款的方式，讓不能全款購房的家庭，通過首付的方式提前獲得自己的住房。

房地產投資的收益率在近幾年的表現中整體上要高於銀行存款和債券投資

的收益率,同時其也能在一定程度上抵禦通貨膨脹的風險。投資房地產不像投資有價證券,只具備投資功能,而是同時還具有消費和居住使用的功能。這使得房地產的投資機動性很強,在當前行情看好的時候,可以轉手賣出賺取差價;行情不好的時候,可以留著自己居住或者轉租出去獲得相應的租金收入。但是房地產投資同時也具備一系列風險,美國次貸危機就是一個很好的警示。表 3-8 反應了 CHFS 調查數據中,所有具有房屋產權家庭所擁有的住房套數的比例。

表 3-8　　　　　　擁有住房家庭擁有房屋套數占比　　　　　　單位:%

| 房屋數量 | 一套 | 二套 | 三套 | 四套 | 五套 | 大於五套 |
|---|---|---|---|---|---|---|
| 占比 | 84.31 | 13.73 | 1.58 | 0.25 | 0.04 | 0.03 |

數據來源:CHFS。

我們可以看到有超過 15%的家庭擁有房屋的套數多於一套,具體來說有 13.73%的家庭擁有住房的套數為兩套,1.58%的家庭擁有住房的套數為三套。其中 CHFS 調查的樣本中,擁有住房最多的家庭名下有十五處房產。上述數據反應了當前居民投資性購房需要的規模。居民對未來通貨膨脹以及房價上漲的預期會導致當前住房的超配,從而使得購買二套房甚至更多套房的家庭比例不斷攀升。但是家庭應該警惕到房產投資風險的存在,房產投資流動性差,一次性投資額大,同時還面臨一些經濟風險或者政策風險。當經濟處於衰退期時,房地產價值下跌的速度會比其他權益投資下跌的速度更快,此時房地產投資的收益不如持有一些有價證券。再比如,如果政府調控房地產,增加房產稅或者改變城市區劃,都會使得房地產的市場價格和租金收入下降。

從外部環境來看,由於家庭對住房需求的推動,房地產行業在過去十幾年也保持著高速增長的態勢。房地產行業及其上下游產業在過去幾十年的經濟增長中扮演著重要角色,同時在未來相當長一段時期內其仍然對經濟增長有很強的拉動作用。得益於城鎮化的深入推進,居民的購房需求不斷增加,住房的供給結構也將有所調整。根據 2010 年全國第六次人口普查的數據,當前城鎮的常住人口達到 6.66 億,同時城鎮化率達到了 49.7%。統計局口徑下的城鎮人口包括戶籍非農業人口 4.6 億和約 2 億在城鎮務工的農民工。在未來城鎮化的進程中,農村可轉移人口的遷移將成為城鎮化的主要推動因素。未來的城市佈局將呈現結構化的特徵,農村工業化助推小城鎮發展,由此小城鎮的發展將有了產業支撐,農村遷移人口的工作需求就能得到滿足。同時大城市也將快速擴容,在周邊形成輻射效應的城市群,呈現郊區化的特徵。在城鎮化趨勢的強力

推動下，房地產行業可能在未來一段時期內仍將保持快速增長。

　　上述多種因素的推動，使得住房資產成為家庭資產的重要組成部分，「居者有其屋」是每個家庭的願望，同時由於近幾年住宅價格不斷攀升，家庭可以通過投資房地產獲得相應的增值收益，但是由於住房的流動性很差以及在當前房價不斷調控的背景下，過度增加房地產的投資會讓家庭資產暴露在宏觀經濟風險之下。當前房地產行業是國民經濟的主導產業之一，房地產自身的開發投資會拉動經濟的增長，同時帶動其上下游的產業也會發揮同樣的作用。再考慮到政府出讓土地獲得的財政收入，這部分收入會直接轉化為政府購買，由此房地產行業對經濟增長的貢獻是多層面的。可見，大力發展房地產市場對於處於快速發展階段的中國經濟，對於不斷提高城市化水平的需要，對於促進經濟發展提高人民生活水平都是非常重要的。但是，任何事物的發展都是有其階段性的，再好的資產也是有其合理配置水平範圍的，房地產的本質還是用來居住使用的，它不同於純金融投資產品，以降低風險或獲得高收益為目的，房地產的基本用途依然是使用。只是在城鎮化水平不斷提升的階段，在通貨膨脹背景的影響下，過去幾年中國的房地產資產確實表現出了一定的投資價值，而本書認為任何資產都不會是只漲不跌的，如果大部分家庭都不根據具體財務情況、使用需求情況，一味地大量投資房地產的話，當房價下跌的時候，可能會影響家庭的財務狀況和其生活水平。

　　在前述的實證分析中，我們可以看到家庭對通脹的預期在一定程度上影響了家庭對住房資產的配置，此外由於房價的不斷上漲，居民對於房價繼續上漲持有預期。上漲的預期也推動了家庭購房的決策。但是房地產行業經歷了十餘年的快速發展，目前城鎮化水平也達到了超過50%的不算低的水平，房價在很多城市已經表現出過熱現象，房地產市場將逐漸進入成熟階段，房價將逐漸趨於穩定並且可能在不久的將來進入下跌週期的範圍。所以本書認為廣大家庭應該改變對房地產資產的一些認為只漲不跌的認識，改變一味不加思考配置的思路，逐漸降低房地產資產的配置。

## 3.3　小結

　　金融體系包括金融仲介和金融市場，金融體系的發展一方面會影響金融產品的供給，更多新型的金融理財產品將被推出；另一方面會通過影響家庭對金融資產的風險-收益特徵的判斷，影響家庭對金融市場的參與。以股票市場為例，如果未來股票市場的賺錢效應凸顯，股市保持「慢牛」狀態，上市公

司的經營業績的改善也能通過分紅等方式使股東獲得回報,如果那樣的話,家庭參與股票市場的積極性就會增加,股票在總資產當中的比例也會提高。

在本章中,我們關注了中國家庭金融發展的現狀及存在的問題。實證結果表明資產的風險-收益特徵以及通貨膨脹預期等因素顯著影響家庭資產配置。同時很多宏觀政策都會影響到資產的風險和收益特徵,加之當前中國正在經歷一場深刻的經濟轉型和發展變革,這些都會影響微觀家庭的資產選擇行為。此外我們指出了當前中國家庭金融存在的三個主要問題:高儲蓄率、金融市場參與不足、房產比例偏高,並梳理了這些問題背後的影響因素。在接下來的章節中我們使用更詳盡的微觀家庭數據考察這個問題形成的機制,以期提出更有針對性的意見和建議。

# 4 中國家庭金融中的居民資產結構分類及其特點

在對中國家庭金融發展的現狀和影響因素考察之後,我們著手對當前整個中國家庭金融進行研究。我們根據對家庭金融的定義,分為家庭對其資產包括金融資產、實物資產等的安排情況,家庭負債的安排情況,家庭所採取的風險控製及保障情況等各個層面進行研究分析。本章首先研究中國家庭資產結構的影響因素。

目前學術界對家庭資產結構尤其是家庭金融資產結構的研究主要從兩個方面進行:一個方面是家庭的內生因素,包括人口統計學特徵、家庭的財產收入狀況以及家庭的風險偏好等;另一個方面是從外生因素來考慮,包括貨幣政策、通貨膨脹、製度變遷等。當前中國是一個新興加轉軌的經濟體,家庭的內生因素是家庭資產結構的主要影響因素,因此為了充分考察內生因素對中國家庭金融的影響,我們使用截面的微觀調查數據仔細考察各個因素對家庭金融中資產結構的影響。

在開始我們的工作之前,我們首先對先前國內外的研究再做一個簡單的回顧。在家庭資產結構的影響因素上,人口統計學特徵和家庭的財產狀況對家庭資產的配置影響顯著,此外國內學術界進行了多角度的探討。史代敏和宋豔(2005)[1]通過構建Tobit模型,探究了居民家庭金融資產選擇的一些影響因素,這些因素多是人口統計學特徵和家庭的財產收入狀況。雷曉燕等(2010)[2]利用CHARLS的數據重點探究了風險偏好和健康狀況對居民資產配置的影響。他們研究發現健康狀況不佳會顯著減少城鎮居民風險資產配置,同時向安全性較高的生產性資產和房產轉移,但是這種效應在農村居民中並不顯

---

[1] 史代敏,宋豔. 居民家庭金融資產選擇的實證研究 [J]. 統計研究,2005 (10): 43-49.
[2] 雷曉燕,周月剛. 中國家庭的資產組合選擇:健康狀況與風險偏好 [J]. 金融研究,2010 (1): 31-45.

著。在金融市場參與方面，Rooij 等（2011）利用荷蘭央行家庭金融的數據，探究了家庭金融知識和股票市場參與率的關係。實證結果發現金融文化會影響金融決策的制定，同時那些文化程度更低的人更不容易參與股票市場的投資。Yoong（2010）利用美國的數據則發現股票市場投資知識的缺失顯著減少了持有股票的傾向。而在對國內金融市場參與的研究方面，吳衛星等（2012）[1] 基於中國居民家庭微觀調查的數據探究了能力效應和金融市場參與的關係，居民的主觀能力感受對居民家庭市場的參與行為具有顯著正向影響，同時教育程度、家庭收入和健康狀況也會影響這種主觀能力感受。在家庭房產的持有上，肖作平等（2011）[2] 利用 logit 模型估計了生命週期和人力資本對家庭房產投資消費的影響，並區分了生命週期的年齡效應和出生年代效應，發現人力資本越高的家庭，對房產進行投資消費的可能性越低。華天姿、王百強（2011）[3] 利用自己設計的關於房產投資的問卷調查，對家庭房產投資的情況進行了統計分析，並發現家庭投資資產中房產所占份額與家庭收入呈現正相關關係。

在本章和接下來的各章中，我們將使用西南財經大學 2011 年進行的中國家庭金融調查（CHFS）的數據對中國居民家庭資產的選擇進行多角度的探究。西南財經大學開展的中國家庭金融調查（CHFS）[4]，始於 2010 年。該調查是基於全國 25 個省（市、區）、80 個縣、320 個社區共 8,438 個家庭進行的抽樣調查，涉及家庭金融的各個方面，包括家庭資產、負債、收入、消費、保險、保障等各個方面的數據，全面客觀地反應了中國家庭金融的基本情況。本書所使用的數據是 CHFS 在 2011 年的數據，比較好地反應了目前中國家庭金融中的很多特點。

首先考察家庭進行資產配置時的邏輯步驟，家庭每期可配置的資產一般包括當期收入與以往累積資產的總和加可能採用的融資方案所獲得的資金。家庭進行資產配置通常經過兩個步驟：第一個步驟是確定當期消費和儲蓄的比例，儲蓄的目的是滿足家庭未來的消費需要；第二個步驟是確定在哪些資產類別上分配家庭的儲蓄，這些資產包括風險性金融資產、無風險金融資產、生產性資

---

[1] 吳衛星，徐芊，王宮．能力效應與金融市場參與：基於家庭微觀調查數據的分析 [J]．財經理論與實踐（雙月刊），2012（7）：31-35.

[2] 肖作平，廖理，張欣哲．生命週期、人力資本與家庭房產投資消費的關係——來自全國調查數據的經驗證據 [J]．中國工業經濟，2011（11）：26-36.

[3] 華天姿，王百強．中國城市居民家庭房產投資行為研究 [J]．會計之友，2011（20）：97-99.

[4] 中國家庭金融調查與研究中心是西南財經大學於 2010 年成立的一個公益性學術調查研究機構，其成立的主要目的是開展中國家庭金融調查項目（China Household Finance and Survey，簡稱 CHFS），建立一個具有全國代表性的家庭層面的金融數據庫。

產和房產。本章考察的重點在第二個步驟上，借助微觀層面的家庭數據來探究家庭內生因素對其資產配置的影響。

本章首先從家庭金融中的家庭資產結構著手進行分析，為了突出研究的重點，簡單地把家庭資產劃分為房產、生產性資產和金融資產；進而對其中金融資產的結構進行計量統計分析。為了分層面更好地考察中國各階層家庭金融的特點，我們採用最直觀的以財富總量劃分群組的方式，首先對中國家庭的總體數據進行分組。我們將樣本中的家庭按照家庭財富的多少劃分為三個群組：最低財富群組、中等財富群組和最高財富群組。劃分的標準為：家庭財富在最低20%範圍內的家庭劃分在最低財富群組，家庭財富在總體分布20%到80%之間的家庭劃分為中等財富群組，家庭財富在最高20%的家庭劃分為最高財富群組。

## 4.1 最低財富群組家庭資產結構的特點

### 4.1.1 最低財富群組家庭資產配置概述

在總體樣本內，我們把家庭財富在最低20%範圍內的家庭歸為一個財富群組，這部分家庭在資產配置方面表現出來一些特有的特點，我們使用戶口、年齡、婚姻情況、教育程度、健康情況等幾組變量進行分析。通過分析目前家庭資產配置中的一些特點，分析挖掘其家庭目前的資產配置情況形成的動因，結合現有的經濟政策等環境進行分析，進一步在本書後面進行兩個角度的展望和政策建議。這一方面能對其家庭資產的合理配置提供意見，另一方面也對國家通過轉移支付等手段來補貼這部分家庭提供相應的參考。

首先對低收入群組這部分家庭的一些資產配置和人口統計學特徵進行統計描述，見表4-1、表4-2、表4-3。

表4-1　　　　　　　　最低財富群組家庭描述性統計

| 變量 | 頻數 | 百分比（%） | 變量 | 頻數 | 百分比（%） |
| --- | --- | --- | --- | --- | --- |
| 農村戶口 | 1,142 | 70.19 | 沒上過學 | 260 | 16.16 |
| 城市戶口 | 485 | 29.81 | 小學 | 563 | 34.99 |
| 35歲以下 | 190 | 11.68 | 初中 | 492 | 30.58 |
| 35~45歲 | 309 | 18.99 | 高中/中專 | 201 | 12.50 |

表4-1(續)

| 變量 | 頻數 | 百分比（%） | 變量 | 頻數 | 百分比（%） |
|---|---|---|---|---|---|
| 45~55歲 | 333 | 20.47 | 大專 | 46 | 2.86 |
| 55~65歲 | 377 | 23.17 | 本科 | 35 | 2.18 |
| 65歲以上 | 418 | 25.59 | 研究生 | 12 | 0.74 |
| 未婚 | 102 | 6.36 | 身體狀況好 | 434 | 34.67 |
| 已婚 | 1,268 | 79.00 | 身體一般 | 510 | 40.73 |
| 喪偶 | 163 | 10.16 | 身體狀況差 | 308 | 24.60 |

從表4-1中我們可以看到，在最低財富組中，農村家庭較多，占比達到70.19%。同時戶主年齡也呈現老齡化的趨勢：35歲以下的家庭占比11.68%，只占了很小的一部分；55歲以上的老年家庭占到了48.76%，接近一半的比例。由於老年人占比較多，喪偶家庭占比達到了10.16%。從受教育程度上來看，初中以下受教育程度家庭占比達到了81.73%，反應了這些家庭的受教育程度普遍偏低。由於老年人的身體狀況通常較差，而老年人在總體中又占比較多，因此24.60%的家庭戶主的身體狀況差，40.73%的家庭戶主的身體狀況一般。通過上述的描述性統計，我們基本上瞭解了最低財富群組的人口統計學特徵，即農村老年人占比較多，且受教育程度偏低是整個財富群組的基本特徵。

表4-2　住房價值、金融資產價值、生產性資產價值情況

| 變量 | 觀測值數量 | 平均值（括號內為標準差） |
|---|---|---|
| 住房價值 | 1,627 | 12,233.41（14,159.53） |
| 金融資產價值 | 1,627 | 4,400.763（8,078.897） |
| 生產性資產價值 | 1,627 | 162.649（815.266） |

數據來源：CHFS。

從表4-2中可以看出，住房資產仍然是中國最低財富群組家庭資產中占比最大的一塊，且最低財富群組家庭住房資產的標準差很大，反應出了因居住位置等因素的影響，導致家庭住房資產的價值差異很大。這些家庭平均擁有4,400.763元的金融資產，同時生產性資產在三個財富群組中最少，且家庭間的差異較小。生產性資產較少，反應出來了這些家庭增加收入的來源受限，財富增長的潛力有限。

表 4-3　　最低財富群組家庭按金融資產種類劃分的資產占比

| 金融資產種類 | 資產（最低 10%） | 資產（之後 10%） |
| --- | --- | --- |
| 存款 | 52.58% | 56.64% |
| 現金 | 41.38% | 34.47% |
| 股票 | 0.00% | 3.55% |
| 債券 | 0.00% | 0.00% |
| 基金 | 0.04% | 0.57% |
| 衍生品 | 0.00% | 0.00% |
| 理財產品 | 0.00% | 0.08% |
| 外匯資產 | 0.00% | 0.16% |
| 黃金 | 0.63% | 0.11% |
| 借出款 | 5.37% | 6.43% |

數據來源：CHFS。

表 4-3 反應了這些家庭金融資產的配置狀況，我們可以看到財富分組最低 20%家庭的現金和存款占比高達 90%，同時很少持有其他金融資產。整個金融資產的配置趨於單一，對正規金融市場的參與也僅限於股票、基金等少數幾個品種，且占比都很小。在非正規金融市場的參與方面，家庭的借出款占比僅次於存款和現金，最低 10%的家庭借出款在其金融資產的比例為 5.37%，之後 10%的家庭占比更高，達到了 6.43%。結合家庭的人口統計學特徵，不難理解這些家庭較低的金融市場參與率，由於這個群組中大部分家庭居住在農村地區，且老年人口占比居多，受限於較低的受教育水平，這部分家庭對股票、債券、基金等在城市中較為常見的家庭經常參與的金融市場均參與較少，而在中國農村地區，很多家庭是通過民間的相互借貸滿足短期的資金需求，表 4-3 的數據反應出了這些特點。

### 4.1.2 最低財富群組家庭資產結構分析

在對最低財富群組家庭資產進行簡單的描述統計分析後，我們進一步對其家庭資產結構進行考察。我們重點從房產、金融資產、生產性資產三個方面進行考察，金融資產的定義遵從我們前述約定的定義，生產性資產包括家庭用於農業生產的機械以及自營工商業的資產。考慮到我們所使用的數據是截斷的（censored），經典的線性迴歸模型告訴我們，解釋變量每改變一單位，被解釋

變量的總量的變化由系數的大小決定，這不符合我們的研究的數據中有一些家庭的數據為 0 的情況。那麼在本章以及後面的幾章中我們考慮構建 Tobit 模型進行統計分析，本章首先來考察三個種類的資產在淨資產（總資產扣除負債）當中的占比情況。

首先介紹一個概念，截斷數據。

截斷數據（censored data），也稱為「檢查」數據、刪失數據，指變量處於某範圍內的樣本觀測值都用一個相同的數值來替代，即觀測值是有數量限制的。於是居民家庭數據可分為兩類：一類是有不為 0 的解釋變量和被解釋變量，另一類僅有解釋變量，而沒有被解釋變量，即此處數據中的被解釋變量為 0，一般為數據調查中被調查者不願意透露其資產等原因造成。

其次，說一下 Tobit 模型。

Tobit 模型是諾貝爾經濟學獎獲得者 J. Tobin 於 1958 年研究因變量受限問題的時候首次提出的，該模型的標準形式為：

$$y_i = \begin{cases} \beta^T x_i + e_i & \text{當 } y_i > 0 \text{ 時} \\ 0 & \text{其他} \end{cases}, \quad e_i \sim N(0, \sigma^2)$$

在截取樣本的情況下，如果只是用 n1 個因變量大於 0 的觀測值以普通最小二乘法進行模型的估計，迴歸系數則會產生偏誤，得到非一致性的估計結果。

在本書關於三個財富群組的樣本家庭中，建模分析的因變量觀察值中皆有截斷數據的情況，所以，在進行這類建模分析時，使用的模型的形式都設定為 Tobit 模型。

下面具體來看，在變量的選擇上，我們選取的變量包括戶主年齡、教育程度、婚姻狀況、風險態度、家庭收入、家庭淨資產、負債比率、家庭規模、自評健康狀況等。其中自評健康狀況分別有非常好、好、一般、差、非常差等幾個選項，我們分別記為 5、4、3、2、1，同時為了準確反應家庭成員身體健康狀況對家庭資產配置的影響，使用家庭成員當中身體健康狀況最差的那個作為家庭健康狀況的代表。

為了考察金融可得性對家庭資產選擇的影響，根據 CHFS 問卷，我們選取家庭距離市（縣）中心所需要的時間這一變量作為代表。因為市（縣）中心有更多的銀行等金融服務機構，距離其越近反應了其獲得金融服務越便捷。儘管問卷當中同時問了到達市（縣）中心所採用的交通工具，我們認為被訪者會回答其通常採用的交通工具，因此到達時間反應了這個家庭獲得金融服務的便捷程度。

同時社會保障情況會影響居民的資產配置行為是顯而易見的，社會保障可以降低居民的預防性儲蓄需求，增加其可投資或可消費的資金的比例。為考察社會保障對資產配置的影響，我們採用 0-1 變量來刻畫家庭得到社會保障的程度的情況。在這裡社會保障包括社會養老保險、醫療保險、住房公積金等幾個項目所涵蓋的範疇。

在實證分析中，為了觀察不同年齡段家庭行為的差異，我們將戶主的年齡分為 16~25 歲組、25~35 歲組、35~45 歲組、45~55 歲組、55~65 歲組及 65 歲組以上，同時以 16~25 歲組作為對照。教育水平以沒有上過學的家庭作為對照組，分別設定初等教育、中等教育、高等教育以及研究生以上學歷幾個受教育等級。初等教育組別設定為擁有小學、初中學歷；中等教育組別設定為擁有高中、中專學歷；高等教育組別設定為擁有大專、本科學歷；研究生以上學歷包括碩士、博士研究生學歷。婚姻狀況為兩種——已婚和未婚，其中未婚包括同居、喪偶、尚未結婚等多種情況。

在對風險態度的衡量上，CHFS 問卷中的問題是：「如果您有一筆資產，將選擇哪種投資項目？1. 高風險、高回報項目；2. 略高風險、略高回報項目；3. 平均風險、平均回報項目；4. 略低風險、略低回報項目；5. 不願意承擔任何風險。」我們把回答 1 和 2 定位為風險容忍度高，其他為風險容忍度低。

同時我們對家庭收入和家庭淨資產取對數，負債比率為負債與淨資產之比，家庭規模為家庭成員的數量。表 4-4 匯報了家庭資產影響因素的估計結果。第（1）列反應的是家庭房產資產占比影響因素的估計結果，第（2）、（3）列分別反應家庭金融資產占比、生產性資產占比兩項影響因素的估計結果。

表 4-4　最低財富群組家庭家庭資產影響因素的估計結果

| 被解釋變量 | | *housew*<br>(*tobit*) | *financew*<br>(*tobit*) | *productiveassetw*<br>(*tobit*) |
|---|---|---|---|---|
| 主要解釋變量 | *preliminary* | -0.101,530,6**<br>(-2.51) | 0.075,575,2***<br>(3.26) | 0.021,882,9<br>(0.96) |
| | *middle* | -0.393,707,4***<br>(-6.64) | 0.170,798,6***<br>(5.36) | -0.036,888,3<br>(-1.11) |
| | *high* | -0.770,226,7***<br>(-6.57) | 0.245,092,6***<br>(5.68) | -0.153,798,4*<br>(-1.87) |
| | *postgra* | | 0.132,77<br>(1.44) | |

表4-4(續)

| 被解釋變量 | | $housew$ ($tobit$) | $financew$ ($tobit$) | $productiveassetw$ ($tobit$) |
|---|---|---|---|---|
| 主要解釋變量 | $\ln(income)$ | -0.092,502,4*** (-7.29) | 0.038,948,4*** (5.69) | 0.004,826 (0.68) |
| | $\ln(wealth)$ | 0.188,760,2*** (12.67) | -0.042,281*** (-5.73) | 0.002,004,3 (0.26) |
| | $householdsize$ | 0.046,520,2*** (4.82) | -0.018,112,3*** (-3.34) | 0.016,283,9*** (3.38) |
| | $age2535$ | 0.102,229,1 (0.76) | 0.018,541,1 (0.37) | 0.007,509,5 (0.10) |
| | $age3545$ | 0.354,783,2*** (2.78) | -0.030,748,2 (-0.63) | 0.004,826,6 (0.07) |
| | $age4555$ | 0.414,356,7*** (3.25) | -0.032,598,7 (-0.66) | 0.025,547 (0.35) |
| | $age5565$ | 0.477,599,5*** (3.75) | -0.095,008* (-1.93) | 0.022,564,1 (0.31) |
| | $age65$ | 0.362,892,3*** (2.85) | -0.049,150,6 (-1.00) | -0.039,099,7 (-0.53) |
| | $IP$ | -0.015,797,5 (0.76) | -0.033,357,2 (-1.25) | -0.028,467,5 (-1.02) |
| | $M$ | 0.054,700,2 (1.26) | -0.012,847 (-0.55) | 0.035,999,4 (1.37) |
| | $debtratio$ | 0.105,454,4*** (8.34) | 0.006,635,7*** (3.41) | 0.001,099,2 (0.89) |
| | $distance$ | 0.002,960,5*** (10.39) | -0.001,101*** (-6.85) | 0.000,728,5*** (5.24) |
| | $social\_insurance$ | 0.134,292,6** (2.39) | -0.045,552,9 (-1.59) | 0.117,485,3*** (2.86) |
| | $health$ | 0.002,294,1 (0.11) | 0.003,367 (0.29) | 0.007,518 (0.66) |
| | $Pseudo\ R^2$ ① | 0.309,5 | 0.354,0 | 0.202,8 |

註：(1) ***、**、* 分別為1%、5%和10%顯著水平下有意義；

(2) 括號內為 $t$ 值。

---

① 在計算 tobit 模型的 PseudoR2 時，使用如下的式子進行計算：

$$Pseudo\text{-}R2 = 1 - L1/L0$$

上式中 $L1$ 和 $L0$ 分別是常數項和整個模型的對數似然函數值。

在第（1）列迴歸結果中，受教育程度的估計係數都在5%以上的顯著水平上顯著，且估計係數均隨著受教育程度的提高而減小，這表明受教育程度越高，家庭在房產這一項目上配置資產的比例越小。由於研究生以上的受教育程度在最低財富分組中只有少數幾個家庭，受到數據的限制，因而並未估計出相應的結果。

另外我們可以看出，家庭收入對家庭房產資產占比具有顯著負向的影響，而家庭總資產對家庭房產資產規模則是具有顯著正向的影響，這反應出當前收入越高的家庭更不傾向於把其家庭資產配置在流動性較差的房產上，而資產規模越大的家庭總體來看持有的房地產資產的價值也就越大，這都顯而易見地符合一般我們理解的常識邏輯。

家庭規模這一因素也對家庭房產資產在總資產中的占比具有顯著的正向影響，一般來說，家庭規模越大，家庭需要的居住面積也就越大，因此需要增加房產的配置，以滿足家庭居住的需要。在年齡分組考察方面，與對照組16~25歲相比，戶主年齡除了25~35歲組不顯著以外，其他年齡組都在1%的顯著水平上顯著，且估計係數呈現先增大而後減小的趨勢，即除了25~35歲年齡組外的其他年齡組的家庭都傾向於持有房產，一個可能的解釋是隨著年齡的增加，家庭資產逐漸增加達到了配置房產這種比較大金額的投資品的範圍，而中國家庭由於傳統觀念的影響，相比其他資產更加傾向於持有房產。而之所以到了65歲以後估計係數呈現下降趨勢，是因為這些老人的住房重置價值遠大於當前的市場價值，而在CHFS的核算中以市場價值為準。

婚姻狀況、風險態度和健康狀況對低財富群組家庭配置房產在總資產中占比的影響都不顯著。

資產負債率和距離市（縣）中心的距離這兩項指標對低財富群組家庭房產在總資產中占比的影響顯著，資產負債率和距離的估計係數分別為0.105和0.003，我們同時計算了其邊際效應，為0.081和0.002。即如果資產負債率增加1%，房產占比增加0.081%；到達市（縣）中心的時間增加10分鐘，房產占比增加2%。這一情況可以解釋為在低財富群組家庭中，很多家庭是通過銀行按揭貸款等增加家庭負債的方式持有更多的房產，而低財富群組家庭投資房產在選擇時，由於資金等方面因素的限制，更傾向於購買價格相對較低而離市（縣）中心較遠的房產，或者說低收入群體家庭很多在市（縣）中心並未持有房產，而在相對偏遠的遠郊或農村地區持有房產。

表4-4第（2）列的迴歸結果反應了低財富群組中家庭金融資產配置影響因素的分析結果，在金融資產占比上，我們可以看出，家庭的受教育程度越

高，其持有金融資產的比重也就越高。由於金融資產通常具有比較好的流動性，家庭在安排大項開支前通常易於把資產投資在易變現的金融資產上，以便在需要進行大項目的投資消費時將其變現，所以在表4-4的迴歸結果中反應出收入對金融資產占比在1%的顯著水平上有著顯著影響。

由於房產是家庭資產的主要組成部分，且在家庭總資產有限的情況下，家庭持有越多房產其可用於投資金融資產的資金就相對更少，因此房產對金融資產的持有有著擠出效應，因此對於最低財富群組來講，房產這一項目對家庭金融資產占比有顯著負效應。

那麼家庭財富、家庭規模對於金融資產占比有著怎樣的影響呢？我們先來分析家庭規模對家庭持有金融資產的影響。家庭規模對金融資產的影響有兩種效應：一種是家庭規模越大，家庭就傾向於持有更多金融資產來滿足流動性要求；另一方面家庭也對住房的面積有著更大的需求，從而相對地擠壓家庭持有金融資產的規模。

根據迴歸結果來看，後一種效應更強，家庭規模越大，金融資產占比就會變小，計算出來家庭規模的邊際效應為-0.016，即家庭成員每增加一個人，家庭金融資產在家庭總資產中的占比就降低1.6%。

那麼同理家庭財富對於家庭金融資產持有規模的影響也具有類似家庭規模分析的兩個方面的影響，而在對最低財富群組家庭的分組數據迴歸的結果來看，家庭財富對家庭金融資產占比的影響具有負效應。即家庭財富越高的家庭在現階段來看，越偏向於持有更多的房產等資產，相對會擠出對金融資產的持有。

年齡對家庭金融資產的持有的影響並不顯著，從表4-4中可以看出只有55~65歲的年齡組比對照組在10%的顯著水平上持有更少的金融的資產。風險態度、婚姻狀況、健康狀況、社會保障的有無都不會影響最低財富群組金融資產的占比。

家庭資產負債率對家庭金融資產的持有具有顯著正向的影響，在1%的顯著水平上正向影響家庭金融資產的持有比例。本書分析，一個可能的解釋是當家庭持有更多負債時，需要更多流動性好的金融資產來滿足未來償還負債的需要。或者從另一個角度理解，一些願意為持有更多房產而負債的家庭，體現出來的特點就是他們通過持有了相對更多的負債而配置了相對更多的房產。

家庭居住地距離市（縣）中心的距離對家庭金融資產持有具有顯著負向影響，其邊際效應為-0.000,9，即家庭到達市（縣）中心的時間每減少10分鐘，家庭持有金融資產的比例提高0.9%。這點可以間接通過對家庭房產持有

的情況進行分析,家庭居住地離市(縣)中心較遠的家庭群體中,由於其持有房產的比例可能在總體群組樣本中更高,即可能一些未購房家庭,如選擇租房,一般會選擇租住離城市較近的房子,所以由於這部分家庭持有房產的可能性更大,即更容易擠出其對金融資產的持有。

下面進一步來看,表4-4中迴歸式(3)反應了最低財富群組家庭中生產性資產占比的影響因素的估計結果。通過前面的描述性統計分析,由於最低財富分組家庭主要來自農村,所以分析在生產性資產數據中,自營工商業這一項的實際占比估計很低,分析估計此項的構成主要是農業機械等。受教育程度這項對生產性資產的占比影響不大,只有接受過高等教育的家庭在10%的顯著水平上比對照組沒有文化的家庭持有更少的生產性資產。同時收入和家庭財富對最低財富群組家庭生產性資產的占比影響不顯著。

家庭成員人數顯著影響生產性資產占比,估計系數為0.016,計算出來的邊際效應為0.001,7。即家庭成員每增加一個人,生產性資產占比提高0.17%。這可能是因為家庭成員越多,根據當前中國農村的土地政策,其家庭擁有的土地也就越多,因此也就傾向於購買更多的農業機械來滿足農業生產的需要。

另外,戶主年齡、資產負債率、風險態度、婚姻狀況和健康狀況對最低財富群組生產性資產占比的影響都不顯著。距離市(縣)中心的距離和社會保障都會顯著正向影響家庭生產性資產的占比,由於距離市(縣)中心距離越遠的低財富群組家庭,其家庭更有可能是農業家庭,家庭的主要收入來源可能是依靠農業生產,因此其生產性資產在家庭資產中的占比也就越高。

同時社會保障會讓家庭減少預防性的資產配置,而更關心當前的生產和消費,由此會增加生產性資產的配置。根據計算出來的邊際效應,擁有社會保障的家庭比沒有社會保障家庭生產性資產占比高0.078%。

以上我們分別對最低財富群組家庭的家庭房產占比、家庭金融資產占比、家庭生產性資產占比等項目的影響因素進行了Tobit模型的迴歸分析,從這幾個角度分析了最低財富群組家庭在資產配置方面的一些影響因素的特點。下面重點對最低財富群組家庭的家庭金融資產結構的影響因素進行進一步的實證分析。

### 4.1.3 最低財富群組家庭金融資產結構分析

我們考察家庭金融包括了家庭如何安排資產的配置,如何安排負債,以及採取何種風險控製方式。那麼在整個的資產配置中,如何安排金融資產的配置

既關係到整個資產配置的收益，也關係到資產配置在整體上的靈活性、時期配置安排的合理性。因為房產等實物資產雖然是很多低收入家庭配置的主體資產，尤其城市低財富群體家庭房產很多時候占到了家庭總資產的比較大的比例，所以在安排生活收支、負債還款、利息支出等方面，合理地安排家庭金融資產無疑對每個家庭來說都是非常重要的。

下面就根據最低財富群組家庭金融資產的特徵，使用 Tobit 模型分別考察風險性金融資產、現金、借出款等項目在整體家庭金融資產當中的占比。首先，對風險性金融資產的概念下一個定義。風險性金融資產是指家庭除去現金、存款之外的全部金融資產，其中借出款是家庭參與民間借貸的重要形式，一般包含了相對較高的風險，因此借出款一般也被歸為風險性金融資產。表 4-5 第（1）列是風險性金融資產在低財富家庭總資產中占比的影響因素估計結果，第（2）、（3）列分別是現金和借出款在金融資產中占比的影響因素的估計結果。

表 4-5　低財富群組家庭金融資產細項占比影響因素的估計結果

| | 被解釋變量 | *riskyfinancew* (*tobit*) | *cashw* (*tobit*) | *loanedw* (*tobit*) |
|---|---|---|---|---|
| 主要解釋變量 | *preliminary* | 0.349,832,4 (1.59) | −0.295,613,4*** (−3.50) | 0.222,788,4 (0.93) |
| | *middle* | 0.642,341,7*** (2.64) | −0.466,144*** (−4.36) | 0.476,312,4* (1.78) |
| | *high* | 0.682,058,6** (2.51) | −0.642,463,7*** (−4.82) | 0.412,558,1 (1.36) |
| | *postgra* | −0.165,277,5 (−0.30) | −0.415,614,1 (−1.54) | |
| | ln(*income*) | 0.089,342,1** (1.98) | −0.103,664,8*** (−4.55) | 0.066,147 (1.26) |
| | ln(*wealth*) | 0.236,179,2*** (3.85) | −0.216,264,5*** (−8.11) | 0.223,208,6*** (3.16) |
| | *householdsize* | −0.069,661,6* (−1.76) | 0.057,278*** (3.13) | −0.093,624,1* (−1.89) |
| | *age2535* | 0.022,497,9 (0.10) | −0.045,605,4 (−0.31) | −0.119,201,8 (−0.48) |
| | *age3545* | 0.005,188,6 (0.02) | 0.127,890,4 (0.88) | −0.079,508,5 (−0.31) |

表4-5(續)

| 被解釋變量 | | riskyfinancew (tobit) | cashw (tobit) | loanedw (tobit) |
|---|---|---|---|---|
| 主要解釋變量 | age4555 | -0.181,601,3 (-0.77) | 0.182,497,3 (1.25) | -0.337,108 (-1.28) |
| | age5565 | -0.592,114,8** (-2.32) | 0.278,985* (1.89) | -0.955,150,7*** (-3.11) |
| | age65 | -0.818,224,3*** (-2.97) | 0.225,374,7 (1.54) | -1.116,043*** (-3.36) |
| | IP | -0.135,602,2 (-0.86) | 0.209,521,2** (2.40) | -0.062,045 (-0.35) |
| | M | -0.225,534,7 (-1.59) | 0.069,429,2 (0.93) | -0.315,413,6* (-1.91) |
| | distance | -0.000,380,9 (-0.37) | 0.001,886,5*** (3.45) | 0.000,465,6 (0.41) |
| | social_insurance | -0.191,811,5 (-1.27) | -0.082,558,6 (-0.88) | -0.159,798,6 (-0.92) |
| | health | 0.156,528,2** (2.10) | 0.008,299,1 (0.22) | 0.177,084,8** (2.01) |
| | Pseudo $R^2$ | 0.145,8 | 0.095,7 | 0.156,9 |

註：(1) ***、**、*分別為1%、5%和10%顯著水平下有意義。

(2) 括號內為t值。

(3) riskyfinancew 代表風險性金融資產占比，cashw 代表現金資產占比，loanew 代表借出款資產占比。IP 為風險厭惡程度，M 為婚姻狀況，Distance 為家庭住址距離市縣中心的距離，Socail_insurance 為家庭有沒有社會保障保險，health 為身體狀況。

表4-5中第（1）列迴歸結果報告了風險性金融資產在低財富群組家庭中占比的影響因素的估計結果。與對照組相比，接受中等教育的家庭和接受高等教育的家庭持有風險性金融資產的比例相對更高，且在1%的顯著水平上顯著，同時有受教育程度越高，風險性金融資產在家庭總金融資產中占比越高的趨勢。這點可以看出風險性金融資產的選擇需要一定的金融知識，受教育程度越高的家庭越瞭解或越能夠理解家庭持有一部分風險性金融資產對優化家庭資產的必要性。這也符合中國想引導家庭合理地配置一定的風險性金融資產的思路，所以也從另一個側面反應出加強各個金融市場的投資者教育，應該是一個逐漸向全面普及的必備的教育需求。

收入和家庭財富兩項都顯著地正向影響家庭風險性金融資產的持有。這可能是由於家庭出於預防性需求所持有的現金在一定情況下的變動是不大的，那

麼隨著家庭收入和家庭財富的增加，家庭持有的超過這部分需求的資產就越來越多，從而家庭可以用來進行風險性投資的金融資產也就越來越多。

家庭規模對風險性金融資產的持有具有負向影響，且在10%的顯著水平上顯著。本書分析，這可能是由於家庭規模越大，家庭面臨的不確定性也越大，為了預防這種不確定性，家庭傾向於減少風險性金融資產的持有，轉而持有更多的現金、存款資產。

在年齡這一項目對家庭風險性金融資產的影響上，只有55~65歲以及65歲以上的家庭表現顯著低於對照組，隨著戶主年齡的增加，家庭變得更加厭惡風險，因此也就更不傾向於持有風險性金融資產。

居民健康也是影響家庭資產配置很重要的因素，一方面，家庭成員的身體狀況越好，就對持有更多預防性資產的需求相對較低，另一方面也就對持有更多的風險性金融資產有更大的容忍性。同時我們看到距離市（縣）中心的距離、風險容忍度等因素對家庭風險性金融資產的占比影響不顯著。

在前面家庭金融資產配置比例中，我們可以看到最低財富群組家庭的持幣比例較高。為探究這一現象背後的影響因素，本書對最低財富群組家庭的現金持有占比影響因素進行了Tobit模型分析，表4-5中的迴歸式（2）報告了現金持有比例的模型估計結果。

受教育程度因素對現金持有影響顯著，和對照組相比，隨著受教育程度的提高，家庭就更不傾向於持有現金。收入和家庭財富也對現金持有有著顯著負向影響。這與我們之前分析的家庭對風險性金融資產持有的要求相關，具有更多知識、更多可投資資產的家庭其投資風險性資產的願望就偏高，相對其持有現金的占比就相對偏低。

家庭規模則顯著正向影響現金持有比例，估計系數為0.58，同時計算出來邊際效應為0.053，即家庭成員每增加一個人，現金持有比例提高5.3%。根據相關的經濟學理論，家庭成員越多，家庭總的交易性需求也越大，同時由於家庭面臨的不確定性越大，家庭成員有持幣的預防性動機，兩種效應疊加就增加了家庭持有現金的比例。

年齡因素對家庭的現金持有比例影響不顯著，只有年齡組在55~65歲的家庭成員在10%的顯著水平上比對照組多持有現金。同時我們看到風險容忍度越高的家庭，持有現金的比例越多，這一現象和我們的直覺相違背。本書分析其可能的原因是，風險態度可以分為風險厭惡、風險中性和風險偏好。值得注意的是，風險厭惡並不是單純的厭惡風險，而是其願意承受風險，但必須有相應的收益來彌補其所承擔的風險。但是CHFS的問卷並沒有體現出這一特點，由此我們認為

在度量風險態度這一指標上，問卷的設計可能存在著相應的問題。

　　與市（縣）中心的距離顯著影響家庭持有現金的比例。這可能是因為通常市（縣）中心具有較多的銀行網點，家庭可以方便地辦理存款等各種業務，ATM機佈局也較多，能夠滿足用戶隨時取款的需求。如果家庭到達市（縣）中心用的時間較長，就不能充分滿足其存（取）款的需求，因此家庭也就更傾向於持有現金。我們計算出來了其邊際效應為0.001,7，即家庭到達市（縣）中心的時間每增加10分鐘，家庭現金持有的比例就提高1.7%。

　　借出款這一項目反應了家庭對非正規金融市場的參與情況，表4-5的迴歸式（3）估計了家庭借出款在總資產中占比高低的各個影響因素。學歷對借出款比例影響不顯著，只有接受中等教育的家庭在10%的顯著水平上比對照組更傾向於借出資金。

　　收入對借出款占比影響不顯著，而家庭財富對借出款規模有著顯著正向影響。家庭規模越大，家庭就越不傾向於借出資金。此外年齡在55~65歲組、65歲以上的家庭比對照組持有更少的借出款，這反應了當家庭步入老年階段之後，家庭的資金主要滿足自身的各種需求，更不願意拆借出去。同時婚姻狀況也會影響借出款的比例，當戶主已婚以後，對子女教育、自身養老等有著一系列資金使用的預期，因此也就更不願意把自己的錢借出去。

　　不過我們可以看到在家庭成員健康因素的影響方面，家庭成員越健康，家庭在借出款上持有的比例就越高。良好的健康狀況會降低家庭的預防性需求預期，當面臨資金拆借的請求時也就更容易答應對方，因此相對其他低財富群組家庭會持有更多的借出款。

### 4.1.4　最低財富群組家庭資產配置方式的啟示

　　至此我們已經分析了低財富群組家庭資產持有構成的影響情況，也進一步具體分析了在家庭資產中處於重要地位的家庭金融資產的持有情況的影響因素。那麼在進行了這些實證分析以後，我們可以考慮一下最低財富群組家庭在資產配置方式中體現出來的這些特點可以對我們的政策建議、產品設計，以及對經濟發展的影響等方面可能有哪些啟示。

　　根據前面的描述性統計分析來看，最低財富群組家庭多為農村家庭，且以老年階段家庭居多。老年人尤其是農村老年人的貧困問題也是當前「三農」問題中一個比較突出的問題。農村老年人的養老方式以家庭養老為主，但是隨著家庭結構的變化，家庭養老的作用大大被弱化。同時農村的青壯年勞動力為獲得更高的勞動收入，很多選擇外出務工，有相當一部分到城鎮定居，於是這

些獨居老人就缺少了相應的照料。此外由於受教育程度以及保險意識的缺失，農村老人家庭參與社會各類保險保障的水平偏低，同時社會保障的覆蓋力度也遠遠不足。

最低財富群組家庭的困境折射出當前中國農村養老服務體系以及農村金融服務的缺失。在政府快速推進新型城鎮化建設的進程中，政府應該加大轉移支付的力度，增加對農村老年人口養老保障以及醫療保險的財政支出，建立健全完善的社會養老保障和醫療保險體系。在當前的背景下，政府可以加快推進家庭養老和社會養老並存的養老方式，改善農村老齡化人口的生存生活條件，使他們能夠享受到改革發展所帶來的福利。考慮到人口紅利對經濟增長的影響，家庭養老的方式在一定程度上可能會影響子女的外出務工決策，由此會造成社會效率的損失，因為從經濟分析的角度來看勞動資源應該配置到邊際收益更高的地方，因此切實提高社會養老在農村老人養老方式當中的比例就顯得尤為必要。

另外，根據迴歸結果可以看到，與市（縣）中心的距離會顯著影響最低財富群組家庭持有現金的比例，這反應了金融可得性對家庭資產配置的影響。銀行是一個吸收存款、發放貸款的仲介機構，它可以轉移閒置資金，從而滿足實體經濟的融資需求。家庭持有大量現金，可能是出於預防性動機的需求，但也更可能是因為在一些地區，家庭無法便捷地獲得相應的金融服務。對於最低財富群組家庭來講，持有現金一方面有相應的機會成本，無法獲得銀行存款的利息；另一方面這部分資金也不能轉化為投資，無法通過銀行仲介服務實體經濟。當前農村金融機構主要以農村信用合作社為主，且佈局相對集中，家庭無法獲得即時便捷的金融服務。未來在推進城鎮化建設的進程中，農村居民的居住方式可能會比以前更加集中，在農村佈局更多的銀行網點對於銀行來講也符合成本-收益原則。那麼有理由預見，在未來的發展過程中，農村金融市場中正規金融將逐步替代非正規金融，農民也將有更多的機會參與正規金融市場，便捷地配置家庭金融資產。

## 4.2 中等財富群組家庭資產結構的特點

對於中等財富群組家庭金融的研究對於每個國家來說都是非常重要的，一般認為理想的社會財富分布形態應該是棗核型的，即中等財富群組家庭占整個社會家庭比重最大。這樣既有利於經濟的和諧健康發展，也有利於社會的穩定。

中國在經歷了改革開放以來30多年的快速發展後，總體經濟實力大大提升，但是近年來也出現了貧富分化和社會財富分配不公平等問題。這些問題如

果不能很好地解決的話，久而久之可能會演化出一定的經濟問題或者社會問題，而我們的決策層已經認識到了這點，並決心通過政策引導加大二次分配，逐步改變社會分配的一些不公平現象，逐步使中等財富群體家庭成為中國社會家庭中占更大比例的群體。

### 4.2.1 中等財富群組家庭資產配置概述

在本書研究的界定下，中等財富群組定義為家庭財富居於中間60%的家庭。在對中等財富群組家庭開始具體的實證研究以前，我們仍然先來看一下該群組的資產構成的一些描述統計情況。表4-6展示了中等財富群組家庭金融資產的配置狀況。

表4-6　中等財富群組家庭按資產種類劃分占比的構成情況

| 資產＼財富份額 | 資產（20%） | 資產（20%） | 資產（20%） |
|---|---|---|---|
| 存款 | 70.13% | 69.92% | 65.09% |
| 現金 | 17.85% | 14.77% | 12.43% |
| 股票 | 3.45% | 4.46% | 6.31% |
| 債券 | 0.05% | 0.22% | 0.11% |
| 基金 | 0.56% | 1.19% | 3.38% |
| 衍生品 | 0.00% | 0.00% | 0.00% |
| 理財產品 | 0.25% | 0.37% | 1.40% |
| 外匯資產 | 0.10% | 0.57% | 0.49% |
| 黃金 | 0.39% | 0.25% | 0.28% |
| 借出款 | 7.23% | 8.25% | 10.52% |

註：表格第二列至第四列為家庭資產在總體中等財富群組家庭資產規模由低到高的三個部分的平均劃分。

數據來源：CHFS。

從表4-6中，我們可以看出中等財富群組家庭金融資產大部分仍舊被配置在存款和現金上，股票、基金、理財產品等其他金融產品的占比仍比較小。這反應出當前中等財富群組家庭金融組合單一的特徵，缺少必要的分散風險的手段，同時在對待風險性資產的態度上，雖然相對於最低財富群組家庭在資產配置上對股票、基金等資產有了相對更多一些的參與，但總體來看仍然比較保守。另外有一個不可忽視的特點，中等財富群組的家庭在民間借貸上表現活

躍，借出款成為僅次於存款和現金的第三大金融資產。

表4-7展示了家庭資產的結構，對於中等財富群組的家庭來講，住房資產是家庭資產中占比最大的資產類別，住房平均價值為195,078元；金融資產其次，均值為25,941元；生產性資產占比最小，平均值為1,279元。

表4-7　住房資產價值、金融資產價值、生產性資產價值構成情況

| 變量 | 觀測值數量 | 平均值（括號內為標準差） |
| --- | --- | --- |
| 住房價值 | 4,881 | 195,078.2（149,998） |
| 金融資產價值 | 4,881 | 25,941.63（51,085.02） |
| 生產性資產價值 | 4,881 | 1,278.982（14,160.55） |

數據來源：CHFS。

根據數據顯示，在中等財富群組中，農村家庭占比為55.03%。在受教育程度上，58.86%的家庭接受過初等教育，中等教育為21.55%，高等教育為11.78%，家庭的文化水平較最低財富群組有顯著改善。具體情況見表4-8。

表4-8　中等財富群組家庭的戶籍以及受教育情況

| 戶籍 | 受教育程度 | |
| --- | --- | --- |
| 農村（55.03%） | 初等教育（58.86%） | 中等教育（21.55%） |
| 城市（44.97%） | 高等教育（11.78%） | 研究生教育（0.51%） |

數據來源：CHFS。

在對中等財富群組家庭的情況進行簡單的描述統計分析後，我們首先來分析該群組的家庭資產結構的構成是受哪些因素影響的。

### 4.2.2　中等財富群組家庭資產結構分析

中等財富群組相對於之前分析的最低財富群組來說，在資產規模上有了一定幅度的提升，生活境況也相對較好，有一定的資產可供其投資於股票、基金等風險性金融市場。但相對最高財富群組家庭來講，其在安排資產配置時仍需要進行資產在基本生活、保障資金、長期投資等各個方面的更為細緻的安排。因為其資產規模並未大比例地超出基本生活的需要，也就是說，這部分群組家庭對於資產在各個時期基本生活需要方面的考慮應該超過其對於單純資產增值方面的考慮。

表4-9匯報了中等財富群組家庭資產配置影響因素的Tobit模型估計結果。表4-9第（1）列是家庭住房資產占比影響因素的估計結果，第（2）、（3）列

分別是家庭金融資產占比、生產性資產占比等影響因素的估計結果。在變量的選擇上，相比之前的最低財富群組家庭的分析增加了家庭是否持有自營工商業這一變量，如果家庭擁有自營工商業的話，記為1，否則記為0。其他與之前最低財富群組家庭相對板塊的分析所使用的變量相同。

表4-9　　　中等財富群組家庭家庭資產影響因素的估計結果

| | 被解釋變量 | *housew*<br>(*tobit*) | *financew*<br>(*tobit*) | *productiveassetw*<br>(*tobit*) |
|---|---|---|---|---|
| 主要解釋變量 | *preliminary* | 0.002,771,2<br>(0.12) | 0.044,399,8 ***<br>(3.86) | 0.009,647,8<br>(0.70) |
| | *middle* | 0.048,902,2 **<br>(1.97) | 0.059,822,4 ***<br>(4.68) | −0.057,423 ***<br>(−3.50) |
| | *high* | 0.049,995,8 *<br>(1.80) | 0.080,247,6 ***<br>(5.62) | −0.175,010,3 ***<br>(−6.06) |
| | *postgra* | −0.440,917,2 ***<br>(−5.62) | 0.338,762 ***<br>(8.92) | |
| | ln(*income*) | −0.040,794,7 ***<br>(−7.45) | 0.038,088,3 ***<br>(13.59) | 0.009,401 **<br>(2.53) |
| | ln(*wealth*) | 0.059,13 ***<br>(6.89) | −0.038,720,3 ***<br>(−9.19) | −0.029,809,2 ***<br>(−5.52) |
| | *householdsize* | −0.004,415,6<br>(−1.22) | −0.011,353,6 ***<br>(−6.12) | 0.018,789,4 ***<br>(8.40) |
| | *age2535* | 0.028,288,9<br>(0.77) | −0.009,512,7<br>(−0.51) | −0.026,281,7<br>(−0.96) |
| | *age3545* | 0.038,794<br>(1.09) | −0.019,729,8<br>(−1.09) | −0.011,138,4<br>(−0.43) |
| | *age4555* | 0.037,318,9<br>(1.05) | −0.027,283,9<br>(−1.51) | −0.003,671,5<br>(−0.14) |
| | *age5565* | 0.057,393,7<br>(1.59) | −0.032,994,7 *<br>(−1.80) | −0.022,850,6<br>(−0.87) |
| | *age65* | 0.036,912,5<br>(1.00) | 0.008,071<br>(0.43) | −0.032,511,9<br>(−1.19) |
| | *IP* | −0.028,920,7 *<br>(−1.81) | 0.025,663,2 ***<br>(3.12) | 0.025,485,4 **<br>(2.47) |
| | *M* | 0.016,787<br>(0.88) | 0.001,012,8<br>(0.10) | 0.019,048,4<br>(1.33) |

表4-9(續)

| 被解釋變量 | | *housew* (*tobit*) | *financew* (*tobit*) | *productiveassetw* (*tobit*) |
|---|---|---|---|---|
| 主要解釋變量 | *selfbusiness* | -0.052,687,4*** (-3.21) | 0.043,741,2*** (5.28) | 0.020,438,7** (2.02) |
| | *debtratio* | 0.431,438,8*** (53.60) | 0.007,762,9*** (3.29) | -0.004,187,5 (-1.11) |
| | *social_insurance* | -0.013,505,4 (-0.54) | 0.013,750,9 (1.08) | 0.033,117,1* (1.89) |
| | *health* | 0.001,886,8 (0.25) | 0.005,728,8 (1.46) | -0.000,218,5 (-0.04) |
| | *Pseudo $R^2$* | 0.123,4 | -0.283,2 | 0.242,4 |

註：(1) ***、**、* 分別為1%、5%和10%顯著水平下有意義。

(2) 括號內為t值。

(3) *housew* 代表住房資產占比，*financew* 代表金融資產占比，*productiveassetw* 代表生產性資產占比。*IP* 為風險厭惡程度，*M* 為婚姻狀況，*selfbusiness* 代表家庭有無自營工商業，*debtratio* 為家庭資產負債率，*Socail_insurance* 為家庭有沒有社會保障保險，*health* 為身體狀況。

  首先關注一個時下熱點問題，即家庭房產的持有情況，看看中等財富群組家庭在選擇持有房產方面有哪些特點。從表4-9的實證結果來看，中等財富群組在房產的持有上表現出和最低財富群組很大的差異。與對照組相比，接受過中等教育（5%顯著水平）和高等教育（10%顯著水平）的家庭房產占比更高，且接受過高等教育的家庭也略高於接受過中等教育的家庭。但是我們同時也觀察到接受過研究生及以上教育的家庭在住房資產的持有上卻顯著低於對照組。這可能是因為，接受研究生教育的人數逐漸增多是近年來的一種情況，所以被調查的接受過研究生及以上教育的家庭多數可能是更年輕的家庭，而年輕人在購買房產時，可能會受到其家庭財富累積的限制。

  關於家庭年收入及家庭財富這兩個變量對家庭房產持有的影響方面，實證結果反應出：當年收入越多，家庭就越不傾向於持有房產；而財富越多，持有房產比例越高。對這一現象可以從人力資本的角度來進行解讀，當期收入是人力資本所有者被雇傭後所獲得的報酬，在統計意義下，家庭的當期收入越多，那麼人力資本累積也就越多。由於房產在一定程度上屬於低風險、低流動性的資產，人力資本累積高的家庭就更不傾向於持有住房資產。這點和肖作平等（2011）得出的結論是一致的。在當前房價不斷高企的背景下，房產作為累積財富很重要的一個手段，家庭財富越多，在房產上配置的比例相應也就越高。

  我們並沒有在中等財富群組裡觀察到年齡效應對房產占比的影響。由於房

地產在目前來看，具有相對低風險、低流動性的特徵，其收益並不來自風險溢價，而是來源於流動性溢價。根據計算出來的邊際效應，風險容忍度高的家庭房產占家庭總資產的比例要比容忍度低的家庭低 2.86%。

同時我們看到有自營工商業的家庭持有更低比例的住房資產，在中等財富群組家庭，自營工商業一般來說通常可理解為平時所說的做一些小生意，這個財富圈層的生意一般不同於最高財富群組圈層擁有大批雇員這種生意，而一般情況是家庭基本的謀生手段，與家庭的基本消費、基本投資都有比較大的直接關係。通常情況下，自營工商業的收益率要高於房產的收益率，且具有更好的流動性，因而家庭在資產選擇的時候會傾向於自營工商業。家庭的資產負債率顯著影響家庭住房資產持有的比例，根據計算出來的邊際效應，資產負債率每提高 1%，家庭住房資產占比提高 0.42%，較最低財富群組來講，中等財富群組表現出來更強的購買力。這也很可能是由於很多中等財富群組家庭在投資房地產的時候，使用了銀行按揭貸款等通過負債擴大家庭資產負債表的方式。

在金融資產的持有比例上，隨著受教育程度的提高，居民家庭傾向於持有更多的金融資產。與住房資產相反，家庭收入對金融資產占比有著顯著正向影響，而財富對金融資產占比有著顯著負向影響。這一點的分析與之前家庭持有房產的影響原因可能是正好相對應的，一般對於中等財富群組家庭來說，在預算約束一定的情況下，家庭主要的投資就是房產和金融資產，因為持有自營工商業的家庭在總體中等財富群組家庭中占比較小，所以房產和金融資產的持有比例應該是相互擠出的。

家庭規模這一因素也對家庭金融資產占比呈現顯著負向的影響。在這一點上，其影響方式和低等財富群組是一致的。年齡對於家庭金融資產的占比影響不顯著，只有 55~65 歲年齡組的家庭比對照組更不傾向於持有金融資產。

風險態度、資產負債率、自營工商業等幾個因素都對中等財富群組家庭金融資產的持有比例影響顯著。根據計算出的邊際效應，風險容忍度高的家庭金融資產占比比容忍度低的家庭高 1.9%，由於金融資產中多數帶有風險–收益特徵，風險容忍度高的家庭會把資產更多地配置到金融資產上。有自營工商業的家庭的金融資產比例要比無自營工商業的家庭高 3.3%，由於金融資產較實物資產具有很好的流動性，經營自營工商業的家庭需要配置金融資產來滿足其頻繁的交易性需求。和最低財富組類似，資產負債率顯著影響金融資產的比例，資產負債率每提高 1%，金融資產的比例要提高 0.56%。

迴歸式（3）報告了生產性資產比例影響因素的估計結果。和對照組相比，接受中等教育和高等教育的家庭生產性資產的比例顯著降低，且高等教育

家庭降低的幅度更大。這可能是因為，在中等財富群組這個範疇，家庭生產性資產一般都是所謂的家庭小型工商業中經營所需要的資產，如小店的存貨等，是這個財富圈層家庭的一種謀生手段方式中所必須配備的，如不少是一些學歷、技能不高的家庭的一些作坊式的小生意的產品或存貨等，很多接受過高等教育的居民一般更願意採取到大公司工作的方式來獲得工作和收入，從而也就不需要配備這部分資產。

在收入和財富對生產性資產的影響方面，和收入、財富對金融資產比例的影響方向一致。當年收入越多，家庭就越不傾向於持有生產性資產；而財富越多，持有生產性資產的比例就越高。這也可能反應出當前中等財富群組群體中，一些相對更加富裕的家庭更多是來自自營工商業家庭。

家庭規模這一因素顯著影響著生產性資產的比例，這可能和我們考察的中等財富群組家庭樣本中依然包含很多農村家庭有關，農村家庭的人口規模越大，耕種的土地越多，生產性資產也就越多。風險態度和自營工商業都會影響生產性資產的比例。生產性資產在一定程度上屬於低流動性的投資品，其具備的風險收益特徵使得風險容忍度高的家庭持有更多的生產性資產。同時，擁有自營工商業的家庭自然會有更高比例的生產性資產。我們發現擁有社會保障的家庭會擁有更多的生產性資產，社會保障降低了家庭儲蓄的預防性需求，促使擁有自營工商業的家庭把更多的資金投資到生產性資產上。

比較中等財富群組和最低財富群組，我們會發現中等財富群組家庭的風險態度更明確，也切實地體現到了其家庭的資產配置中。最後我們報告了 Pseudo $R^2$，發現迴歸式（2）為負值，但這並不影響我們的估計結果，其和 OLS 估計出來的 $R^2$ 存有較大差異，在這裡它也並不是一個好的評價估計結果的指標①。

### 4.2.3　中等財富群組家庭金融資產結構分析

在考察了中等財富群組家庭資產配置的一些影響因素後，我們依然來重點考察這個圈層家庭金融資產構成情況的一些影響因素。這個圈層家庭在可投資資產的規模上，已經明顯高於最低財富群組家庭，其可投資的資產範圍，由於相對可以達到一般銀行貸款的要求等因素，可投資的資產範圍總體來說比最低財富群組家庭要大，除了達到一般銀行理財產品最低五萬元起的門檻限制外，

---

① 對於連續模型和混合模型來講，Pseudo $R^2$ 既有可能大於1，也有可能小於0。對於很多模型來講，包括 tobit，並沒有實在的含義。儘管如此，我們沿用了先前文獻的一貫做法，在模型的後面匯報了 Pseudo $R^2$。

因為其可以通過銀行按揭的方式來購買房產，所以對金融資產的選擇的考慮的影響因素也更多。

在對家庭金融資產的各項構成考察前，我們首先注意到相對於最低財富群組家庭，借出款在中等財富群組家庭的金融投資安排中占了一個相對較大的比例，而這也確實是當下社會反應出的一個特點。近年來借出款不再是持有自營工商業的家庭才較常見選擇的項目，一些普通家庭為了獲得這些年民間借貸產生的借出款表現出的相對更高的收益率，也參與民間借貸，把一部分家庭資產作為借出款借出。那麼本書為了更好地考察家庭借出款的影響因素，我們在變量的選擇上增加了借款利息和借款期限這兩個變量，根據直覺上的考察，我們認為借款利息會提高家庭持有借出款的比例，而借款期限則會降低這一比例。至於影響是否顯著，則有待於我們實證結果的驗證。

表 4-10 分別報告了風險性金融資產占比、存款占比、股票占比、借出款占比影響因素的估計結果。

**表 4-10　中等財富群組家庭各項金融資產占比影響因素的估計結果**

| 被解釋變量 | | *riskyfinancew*<br>(*tobit*) | *depositw*<br>(*tobit*) | *stockw*<br>(*tobit*) | *loanedw*<br>(*tobit*) |
|---|---|---|---|---|---|
| 主要解釋變量 | *preliminary* | 0.307,429,3 ***<br>(3.37) | 0.182,402,3 ***<br>(3.99) | 0.314,935,1<br>(1.25) | −0.153,973,3<br>(−1.15) |
| | *middle* | 0.346,828,1 ***<br>(3.65) | 0.268,061,6 ***<br>(5.38) | 0.629,388,1 **<br>(2.47) | −0.188,450,8<br>(−1.37) |
| | *high* | 0.419,695,8 ***<br>(4.24) | 0.270,881 ***<br>(4.96) | 0.633,668,2 **<br>(2.46) | −0.176,340,6<br>(−1.26) |
| | *postgra* | 0.703,268,2 ***<br>(4.03) | 0.222,389 *<br>(1.65) | 0.791,473,2 **<br>(2.53) | −0.296,971,3 *<br>(−1.72) |
| | ln(*income*) | 0.136,073,1 ***<br>(7.94) | 0.089,256,2 ***<br>(8.34) | 0.149,089 ***<br>(4.46) | −0.008,050,6<br>(−0.49) |
| | ln(*wealth*) | 0.187,557,4 ***<br>(7.86) | 0.099,323,6 ***<br>(6.44) | 0.286,949,6 ***<br>(6.09) | −0.027,421,4<br>(−1.17) |
| | *householdsize* | −0.024,405,1 **<br>(−2.23) | −0.032,103,6 ***<br>(−4.58) | −0.115,256,6 ***<br>(−4.55) | 0.007,163,6<br>(0.66) |
| | *age2535* | 0.036,079,3<br>(0.40) | −0.044,080,3<br>(−0.65) | 0.417,469,2 **<br>(2.22) | 0.141,524,8 *<br>(1.89) |
| | *age3545* | 0.035,886,7<br>(0.41) | −0.055,768,2<br>(−0.85) | 0.526,353,2 ***<br>(2.83) | 0.124,728,4 *<br>(1.72) |
| | *age4555* | −0.180,743,5 **<br>(−2.04) | −0.080,560,4<br>(−1.23) | 0.323,932,3 *<br>(1.73) | 0.087,599,5<br>(1.13) |

表4-10(續)

| 被解釋變量 | riskyfinancew (tobit) | depositw (tobit) | stockw (tobit) | loanedw (tobit) |
|---|---|---|---|---|
| age5565 | -0.250,095,6*** (-2.72) | -0.060,170,8 (-0.90) | 0.264,416 (1.37) | 0.103,782,7 (1.25) |
| age65 | -0.178,063,5* (-1.88) | 0.083,832,6 (1.22) | 0.217,256,5 (1.08) | 0.067,148,7 (0.79) |
| IP | 0.148,665,5** (3.64) | -0.013,019,9 (-0.44) | 0.323,573,5*** (5.14) | -0.020,253,4 (-0.52) |
| M | -0.107,767,7** (-2.04) | 0.019,561,4 (0.54) | -0.008,972,7 (-0.10) | 0.037,167,8 (0.71) |
| selfbusiness | 0.066,613,7 (1.58) | 0.051,915,9* (1.73) | -0.232,135,4*** (-2.64) | 0.011,472,2 (0.32) |
| social_insurance | -0.001,372,2 (-0.02) | 0.039,482,6 (0.82) | 0.372,846,3* (1.86) | 0.002,348,9 (0.04) |
| health | -0.001,245 (-0.06) | 0.020,364,8 (1.39) | -0.008,232,3 (-0.22) | -0.025,009,1 (-1.26) |
| interest | | | | 0.024,249,7** (2.48) |
| month | | | | 0.000,986,6 (1.48) |
| Pseudo $R^2$ | 0.098,4 | 0.039,5 | 0.213,3 | 0.156,9 |

註：(1) ***、**、*分別為1%、5%和10%顯著水平下有意義。

(2) 括號內為t值。

(3) selfbusiness 代表自營工商業，social_insurance 代表參與社會保障，health 代表健康程度，interest 代表借款利息，month 代表借款期限。

表4-10 的迴歸式（1）報告了中等財富群組家庭影響風險性金融資產比例各個因素的估計結果。在教育程度對家庭風險性資產持有的影響上，中等財富群組表現出更穩健的趨勢，隨著受教育水平的提高，家庭就更傾向於持有風險性資產，且均在1%的顯著水平上顯著。

在收入、家庭財富、家庭規模以及年齡組對風險性資產的影響方面，中等財富群組家庭的表現和最低財富組家庭比較一致。收入和家庭財富兩項都顯著地正向影響著家庭風險性金融資產的持有。家庭規模對風險性金融資產的持有具有負向影響，且在10%的顯著水平上顯著。

同時風險容忍度高的中等財富群組家庭持有更大比例的風險性金融資產，根據我們邊際效應計算出來的結果，風險容忍度高的家庭比風險容忍度低的家庭持有的風險性金融資產要多2.93%。同時已婚家庭在資產的配置上會表現得更加穩健，風險性金融資產的比例較未婚家庭要低。另外，健康狀況對中等財

富群組在風險性金融資產的影響方面不顯著。

在對風險性金融資產這組調研數據進行實證分析後，下面進一步對儲蓄資產進行分析，也順便引出另外一個較為熱點的現象分析，從微觀數據分析的角度看看中國居民家庭一直持續多年的高儲蓄率問題。居民的高儲蓄率一直為學術界廣泛探討，學者們分別從經濟增長（劉金全、郭整風，2002）、收入差距（張明，2005）、人口結構變化（袁志剛、宋錚，2000）和製度變遷引發的預防性動機（宋錚，1999）等方面對高儲蓄率進行了探討。我們利用微觀家庭的數據對該問題進行探究，儲蓄率和受教育程度顯著相關，和對照組相比，接受過初等教育、中等教育、高等教育的家庭儲蓄率不斷提高，但是接受過研究生教育的家庭在儲蓄率上有小幅下降。收入和家庭財富對儲蓄率都有顯著正向影響。由於數據是截面數據，因此無法從動態考察年齡對家庭儲蓄率的影響，截面迴歸的結果表明年齡對居民儲蓄率的影響不顯著。此外，擁有自營工商業家庭的儲蓄率要顯著高於一般家庭。從這些現象我們可以看到，居民儲蓄率的影響目前主要受到其家庭收入、財富的影響。隨著收入和家庭財富的不斷增加，中等財富群組代表的社會大眾普通家庭，一般更傾向於將更多的閒置資金放在安全性更高的儲蓄資產上。這一方面可能是受到金融資產選擇種類相對有限的限制，另一方面也是受到較保守的社會文化傾向的影響。

表4-10的迴歸式（3）反應了中等財富群組家庭在股票投資方面的影響因素的估計結果。在股票的持有比例方面，隨著受教育程度的提高，家庭股票資產的持有比例就越大。收入和家庭財富對家庭股票的持有也有顯著正向影響。但是家庭規模則對股票的持有有著顯著負向的影響；類似地，家庭規模越大，家庭面對的不確定性越大，因而家庭就更不傾向持有風險大的資產。在年齡對股票比例的影響上，年齡組35歲到45歲的家庭比對照組持有更多的股票，其估計系數為0.53，而年齡組25歲到35歲、45歲到55歲的估計系數則分別為0.42、0.32。風險容忍度高的家庭持有的股票比例也顯著高於風險容忍度低的家庭。有個體工商業的估計系數為-0.23，在1%的顯著水平上顯著，說明個體工商業對家庭持有股票資產具有負向影響。這與先前文獻認為擁有個體工商業的家庭出於投資替代和風險規避的目的而降低家庭風險資產的結論相一致（Heaton and Lucas, 2000）。此外，擁有社會保障的家庭在股票資產的持有上也高於（10%的顯著水平）沒有社會保障的家庭。

表4-10的迴歸式（4）則給出了中等財富群組家庭借出款項目在家庭金融資產占比影響因素的估計結果。實證數據表明，只有研究生學歷的家庭和對照組相比在10%的顯著水平上持有更少比例的借出款。在年齡的影響方面，年

齡組 25~35 歲、35~45 歲的估計系數分別為 0.14、0.12，且在 10% 的顯著水平上顯著。借出款通常是非正式的債務合約，我們還考察了其約定的利息、還款期限對家庭借出款的影響。實證結果發現，利息越高，家庭持有借出款的比例也就越高，但是還款期限的影響卻不顯著。根據計算出來的邊際效應，利息每提高 1%，家庭借出款的比例就會提高 2.2%。

### 4.2.4　中等財富群組家庭資產配置方式的啟示

當今社會，人們對中產階級的定義通常是接受過良好教育和專業知識的訓練，一般從事腦力勞動，生活開支主要依靠薪金收入，同時具有與薪金相匹配的消費能力，有一定的閒暇時間。根據前面描述統計分析的結果，中等財富群組的特徵並不十分與「中產階級」的定義相吻合，但中等財富群組卻在一定程度上反應了社會財富中間階層的一些特徵，其在投資理財上也表現得比較活躍，是金融市場重要的參與者。

對於中等財富群組家庭來講，一個突出的問題就是銀行存款占比過高，家庭超過 65% 的金融資產配置在銀行存款上，家庭資產組合相對集中，對其他金融產品參與深度不夠。銀行存款是典型的無風險資產，家庭通過銀行儲蓄獲得利息並滿足未來消費的需要。即家庭並不希望使家庭財產獲得相對更高的收益而承受更多的風險使其心理受到擔憂的影響而降低滿足度，而願意持有更多的無風險資產來獲得更少擔憂的心理滿足度。家庭也可以把資產放在一些類儲蓄性金融產品上，如貨幣市場基金，或銀行的保本型理財產品上，這類產品一般都可以放心持有，雖然利率不及普通銀行理財產品等金融產品，但在靈活性及資產安全性方面都比較類似於銀行存款，而收益可以輕鬆超越銀行存款。之所以很多家庭沒有參與這種在基本不提高風險水平的情況下就可以輕鬆提高資產收益的產品，估計是因為由於金融知識普及不到位，還有很多家庭不瞭解這些產品，這也在一定程度上影響了家庭獲得相應的財產性收入。政府和金融機構應該廣泛宣傳，提高家庭對這類低風險資產的認識，同時也改善各方面服務，方便快捷地為家庭提供各類服務。比如可以廣泛地向那些風險容忍度低但又想獲得較高收益的家庭，推薦通過基金定投的方式將家庭的資產配置到風險資產上。基金定投是指在一個固定的時間段內把固定投資金額投入對應的基金當中，其核心原理在於用長期持久穩定的投入來規避短期的波動風險。這種理財方式能夠幫助家庭累積財富，在風險控制在一定水平上也可獲得高額的收益償還。中等財富群組家庭至少可以進行貨幣市場的基金定投。

在之前的數據中我們可以看到，中等財富群組家庭對非正規金融市場的參

與主要通過借出款來體現，根據迴歸分析結果，家庭借出款的比例和借貸的利息顯著相關，這表明了家庭在民間借貸過程中有很強的逐利性動機。這種民間借貸帶有很強的風險性特徵，由於缺乏借貸的擔保以及對借款方的評估，被高利息吸引的家庭可能面臨著難以獲得償付的風險。溫州的民間借貸危機就是一個警示。民間借貸通常具有利率高、時間短的特徵，多是用於企業臨時的企業週轉，可以為大量急需資金卻貸款無門的中小企業填補資金缺口。但是如果企業因為經營不佳無法償還對應的高額利息，那麼這些借貸的家庭就直接暴露在風險之下。在後面的章節中，我們對家庭的借入款也有詳細的討論。通過借入款和借出款的探討，能夠更加清晰地看到當前民間借貸的脈絡。

在金融產品的供給方面，針對中等財富群組的家庭資產配置狀況，金融機構也大有可為。低風險、低門檻產品將是未來金融產品設計的一個趨勢。當前炙手可熱的「餘額寶」① 就是金融產品創新的一個重要體現。餘額寶的本質是貨幣市場基金，是比銀行存款更好的現金管理方式，且七日年化收益超過了5%，同時具有很強的流動性，能夠方便快捷地進行網上支付和銀行轉帳。另外一個產品是銀信連接產品，它是募集資金為一個信託項目做貸款融資，投資門檻低（5萬元起），年收益在5%左右。上述提到的兩類產品僅僅是近些年來金融產品創新的個案，金融機構應該加大力度推出類似金融產品，提高家庭的投資理財和風險防控意識。

## 4.3 最高財富群組家庭資產結構的特點

在對最低財富群組家庭和中等財富群組家庭的家庭資產配置的各個方面特徵進行分析後，來進一步分析最高財富群組家庭資產配置的一些特徵。最高財富群組家庭持有更多的資產，在資產配置方面有更廣的選擇面，財務更加自由，在基本的生活及家庭保障方面一般都已經得到滿足，而獲取相對更高的收益是不少這個群組家庭都有的想法。另外，這個群組家庭在整體上的資產總量占到了社會總資產的很大比例，其行為模式及特徵將明顯影響到整個國家的經濟表現，其無論投資行為或是消費行為的群體特徵都會明顯影響整個經濟的走勢情況。他們的過度投資可能使經濟表現出過熱的特點，他們減少國內消費可能影響整個社會的消費水平，他們若大量參與民間借貸可能影響整個國家金

---

① 餘額寶是由第三方支付平臺支付寶為個人用戶打造的一項餘額增值服務。其對接的是天弘增利寶貨幣基金。

融系統的風險。所以，雖然我們的目標是建立棗核型社會，逐漸壯大中產階級群體，但目前或者在較長一段時期內，高財富群組家庭這個群體對整個國家的影響都是比較重大的。我們也應該更深入地分析這個群組在資產配置等家庭金融各個方面的特徵，以瞭解並引導這個群體家庭更合理地配置資產，使其更優化地投資、消費，更好地推進社會經濟的發展。

### 4.3.1 最高財富群組家庭資產配置概述

首先從描述統計數據來宏觀地瞭解一下最高財富群組家庭在資產配置上的一些特點。表4-11展示了最高財富群組家庭金融配置的結構，從表4-11中我們可以看出，其家庭存款和現金的比例較其他財富群組顯著降低，股票、債券、基金等其他金融產品的配置比例顯著提高，家庭金融資產的結構趨於分散，風險性金融資產的比例顯著提高。

表4-11　　最高財富群組家庭按資產種類劃分占比的構成情況

| 資產＼財富份額 | 資產（10%） | 資產（10%） |
| --- | --- | --- |
| 存款 | 56.92% | 43.24% |
| 現金 | 14.86% | 17.40% |
| 股票 | 12.08% | 20.12% |
| 債券 | 1.58% | 0.82% |
| 基金 | 2.53% | 3.63% |
| 衍生品 | 0.00% | 0.03% |
| 理財產品 | 1.44% | 2.68% |
| 外匯資產 | 1.17% | 1.29% |
| 黃金 | 0.18% | 0.29% |
| 借出款 | 10.24% | 10.50% |

註：我們把最高財富群組家庭從右到左分列為最高10%財富家庭和次高10%家庭。
數據來源：CHFS。

從表4-11可以看到，最高10%財富群組家庭，其存款在其金融資產中的占比已經下降到了約43%，雖然相對歐美的一些國家，儲蓄率仍然處於較高水平，但相對於前面兩個群組的數據來看，已經明顯降低。股票的持有比例明顯上升，達到了20%左右。這點也可能是受最高財富群組家庭職業構成的影響。據相關數據顯示，目前中國家庭財富淨值超過千萬的富裕人群中，有大約15%

的職業顯示為職業股票投資者，所以體現在家庭數據上，這個群組的家庭中有相對更多的股票資產配置。但本書認為這不是應該建議中國居民家庭廣泛投資股票市場的理由，具體原因將在後面進行論述。另外，借出款這一項目也是這一群組家庭的一項重要的金融資產配置，也占到了約10%，這也可以從一個側面看到目前中國社會民間借貸參與的廣泛性。

然後我們考察這個群組家庭的整體家庭資產的配置結構。最高財富群組家庭的住房資產均值為1,584,584元，金融資產的均值為197,776.7元，生產性資產的均值為75,907元，各個資產類別的絕對值比先前各個財富群組有大幅增加。具體情況見表4-12。

表4-12 住房資產價值、金融資產價值、生產性資產價值構成情況

| 變量 | 觀測值數量 | 平均值（括號內為標準差） |
| --- | --- | --- |
| 住房價值 | 1,627 | 1,584,584（1,400,695） |
| 金融資產價值 | 1,627 | 197,776.7（455,670.5） |
| 生產性資產價值 | 1,627 | 75,907.19（540,153.3） |

數據來源：CHFS。

最高財富群組家庭中，73.88%為城市家庭，在受教育程度上，接受過中等教育以上的家庭占了大多數，32.02的家庭接受過高等教育，3.32%的家庭接受過研究生及以上層次的教育。與中低財富群組相比，家庭的受教育程度有大幅提高。具體情況見表4-13。

表4-13 最高財富群組家庭的戶籍及受教育程度情況

| 戶籍 | 受教育程度 | |
| --- | --- | --- |
| 農村（26.12%） | 初等教育（38.05%） | 中等教育（23.36%） |
| 城市（73.88%） | 高等教育（32.02%） | 研究生教育（3.32%） |

數據來源：CHFS。

### 4.3.2 最高財富群組家庭資產結構分析

下面我們來實證分析一下最高財富群組家庭住房資產、金融資產、生產性資產各項資產在家庭財富配比情況中的影響因素。我們依然使用Tobit模型，也繼續使用了和前面兩個群組基本相同的解釋變量。表4-14反應了最高財富群組各項資產占比影響因素的估計結果。

表 4-14　　最高財富群組各項資產占比影響因素估計結果

| 被解釋變量 | | *housew*<br>(*tobit*) | *financew*<br>(*tobit*) | *productiveassetw*<br>(*tobit*) |
|---|---|---|---|---|
| 主要解釋變量 | *preliminary* | 0.047,279,8<br>(1.20) | 0.001,987,9<br>(0.08) | -0.277,881,7**<br>(-2.33) |
| | *middle* | 0.096,351,2**<br>(2.36) | 0.005,327,7<br>(0.26) | -0.423,588,7***<br>(-3.23) |
| | *high* | 0.104,447,6**<br>(2.54) | 0.021,899<br>(1.06) | -0.541,947,6***<br>(-3.99) |
| | *postgra* | 0.167,707,7***<br>(2.93) | 0.023,814,8<br>(0.73) | |
| | ln(*income*) | -0.036,586,9***<br>(-5.49) | 0.032,781,3***<br>(9.23) | 0.059,959***<br>(2.72) |
| | ln(*wealth*) | 0.017,163,9<br>(1.50) | -0.025,309,5***<br>(-3.78) | 0.122,706,7***<br>(3.34) |
| | *householdsize* | -0.004,196,2<br>(-0.78) | -0.008,335,9***<br>(-2.69) | 0.018,155,8<br>(1.05) |
| | *age2535* | 0.079,543*<br>(1.65) | 0.040,775,9*<br>(1.73) | -0.278,643**<br>(-2.12) |
| | *age3545* | 0.094,870,9**<br>(1.99) | 0.041,329,2*<br>(1.77) | -0.378,365,4***<br>(-2.85) |
| | *age4555* | 0.137,090,1***<br>(2.84) | 0.023,851,8<br>(1.08) | -0.503,524,1***<br>(-3.56) |
| | *age5565* | 0.141,727,4***<br>(2.90) | 0.050,714,3*<br>(1.98) | -0.399,513,2***<br>(-2.85) |
| | *age65* | 0.141,337,3***<br>(2.84) | 0.036,675,3<br>(1.43) | -0.585,733,3***<br>(-3.34) |
| | *IP* | -0.087,562,6***<br>(-4.77) | 0.043,943,4***<br>(4.59) | 0.141,533,2**<br>(2.46) |
| | *M* | -0.040,343,4*<br>(-1.70) | 0.001,181<br>(0.16) | 0.276,538,7***<br>(2.55) |
| | *selfbusiness* | -0.110,738,4<br>(-5.99) | 0.038,494,1***<br>(3.82) | 0.435,604,1***<br>(7.44) |
| | *debtratio* | 0.674,061,7***<br>(11.52) | -0.025,661,8***<br>(-2.96) | 0.063,662,2<br>(1.44) |
| | *social_insurance* | 0.015,228<br>(0.42) | -0.003,080,6<br>(-0.16) | -0.080,454,7<br>(-0.84) |
| | *health* | 0.032,098,2***<br>(3.21) | -0.010,069,5*<br>(-1.83) | -0.037,189,1<br>(-1.08) |
| | Pseudo $R^2$ | 0.439,3 | -0.136,9 | 0.302,6 |

註：(1) ***、**、* 分別為 1%、5% 和 10% 顯著水平下有意義。

(2) 括號內為 t 值。

(3) *housew* 代表住房資產占比，*financew* 代表金融資產占比，*productiveassetw* 代表生產性資產占比。*IP* 為風險厭惡程度，*M* 為婚姻狀況，*selfbusiness* 代表家庭有無自營工商業，*debtratio* 為家庭資產負債率，*Socail_insurance* 為家庭有沒有社會保障保險，*health* 為身體狀況。

首先來看第（1）列的估計結果，從表 4-14 的結果我們可以看到，最高財富群組在資產配置上也表現出自身的特點，我們先看教育這種軟實力差異所帶來的家庭資產配置上面的一些差異。在受教育程度上，和對照組相比，接受中等教育、高等教育、研究生教育的家庭持有更多的住房資產，且隨著受教育程度的提高，家庭住房資產的比例增加。這可能是由於高等學歷群體家庭總體收入都相對較高，且一般在城市工作，在城市擁有住房，城市住房的資產價值一般較大，所以體現出持有較高的房產資產。

收入和財富對住房資產比例的影響方向和其他財富群組是一致的，只是影響力度略有差異。同時我們看到各個年齡組對住房資產的影響也是十分顯著的，隨著年齡的增加，家庭就更傾向於持有住房資產，只是 65 歲以上的年齡組略有降低。

房地產具有低風險、低流動性的特徵，因此風險容忍度高的家庭就更不傾向於持有房產，根據計算出來的邊際效應，風險容忍度高的家庭持有的房產要比容忍度低的家庭少 8.7%。和中等財富群組的家庭相比，最高財富群組的風險態度更加明確，對資產配置的影響強度也就越大。我們看到在 10% 的顯著水平上，已婚家庭比未婚家庭持有房產的比例要少，這與我們的直覺相違背，根據迴歸係數的置信區間來看，它包含了 0 點，因此我們認為這個結論並不可信。

資產負債率對房產占比仍然是顯著正向的影響，資產負債率每提高 1%，房產占比就提高 0.67%。這與很多城市購房家庭是採用按揭貸款方式購房的情況相關。尤其值得指出的是，健康狀況對家庭房產比例影響十分顯著，健康狀況越好，家庭就越傾向於持有房產。由於房產具有低流動性、高收益的特徵，健康狀況良好的家庭就不需要配置大額流動性好的資產來滿足當前以及未來的醫療需求。

在第（2）列迴歸結果顯示的家庭金融資產的持有比例上，本書的研究結果表明，受教育程度和年齡對最高財富群組家庭金融資產的持有比例影響不顯著。收入對金融資產比例有顯著正向影響，而財富則有負向影響。上述影響機制和之前的兩個財富群組是一樣的，這裡就不再贅述。

此外，風險容忍度高的家庭要持有更多的金融資產，有自營工商業的家庭金融資產比例要高於一般家庭。這也符合一般的邏輯，風險容忍度高的家庭偏好相對激進的投資策略，在近些年房地產投資的快速賺錢效應逐漸消失的情況下，風險容忍度高的家庭選擇投資相對收益可能更高的金融資產則是比較容易理解的，而對於有自營工商業的家庭來說，持有更多的流動性好的資產對其家庭的自營工商業來說自然也是非常必要的。

但是在資產負債率對金融資產比例的影響上，最高財富群組家庭表現出和其他兩個群組較大的差異，隨著資產負債率的提高，家庭反而會降低金融資產配置的比例。這可能與家庭的負債結構有關，當最高財富群組家庭持有還款期限更長的借款時，其會把借貸的資金配置到收益更高的生產性資產上。或者是由於資產負債率高的家庭一般由於配置了較多的投資性房地產，從而降低了金融資產的持有比例，或者是由於資產負債率高的家庭在自營工商業中沒有做比較清楚的公私資金分開，通過個人或家庭成員的名義進行了較大比例的融資投入其生意中，所以家庭負債率提高的同時，家庭金融資產配置的比例反而下降了。而無論是持有較多的投資性房地產，還是有較大的生意，這兩種情況的家庭在前兩個群組裡面一般都相對較少。

另外，當家庭健康狀況良好時，就不需要太多流動性好的金融資產來滿足其就醫需求所產生的花費，因此我們觀察到健康狀況對家庭金融資產占比有著負向的影響。

迴歸式（3）報告了最高財富群組家庭生產性資產占比的影響結果。和對照組相比，隨著受教育程度的提高，生產性資產的比例顯著降低。一個可能的解釋是隨著受教育程度的提高，家庭創業的動機就越弱，因為受教育程度越高，居民就有更大的可能找到一份薪水可觀的工作，由此弱化了自己創業的動機。

收入和財富對生產性資產的比例都有著顯著正向的影響。風險容忍度高的家庭和已婚家庭都持有更高比例的生產性資產。

顯然，擁有自營工商業的家庭要持有更多的生產性資產。年齡對最高財富組家庭持有金融資產影響顯著，和對照組相比，年齡組在 25~35 歲、35~45 歲、55~65 歲、45~55 歲、65 歲以上持有的生產性資產比例逐漸降低。這個年齡組趨勢也一定程度上反應了當前中國民營企業經營者的年齡特點，青年創業者逐漸增多。這點也是我們現在比較願意看到的，一方面可以減輕就業的壓力，一方面青年創業者的逐漸增多，新穎項目的逐漸推出，使中國社會的創新意識逐漸提高，在一定層面上可以提高中國的自主創新能力。

總體來看，最高財富群組有更優的資產配置結構，資產配置的影響因素更多的是出於事業或投資的需要，已經脫離了受到基本生活、健康保障所需要資金限制的影響。對於這個群組的資產安排的優化，更多的是出於結合其自身特點制定適合其自身的投資安排的需要，如提高其家庭資產收益率、優化家庭負債結構，合理配置各項資產比例等較專業的資產安排建議。而這個群體整體的受教育水平也較高，具備接受較專業的金融投資建議的能力。並且這個群體的資產規模較大，也為如銀行的私人銀行這種業務的廣泛發展提供了市場空間。

### 4.3.3 最高財富群組家庭金融資產結構分析

我們在對最高財富群組家庭資產配置結構影響因素進行分析後,依然進一步對其家庭的金融資產結構進行重點分析。最高財富群組家庭的金融資產持有的類型相對更加豐富,對風險性金融資產的持有比例相對前兩個群組也更高。類似地,表4-15報告了最高財富群組家庭風險性金融資產占比、存款資產占比、股票資產占比影響因素的估計結果。

表4-15 最高財富群組家庭各項金融資產占比影響因素估計結果

| | 被解釋變量 | $riskyfinancew$ ($tobit$) | $depositw$ ($tobit$) | $stockw$ ($tobit$) |
|---|---|---|---|---|
| 主要解釋變量 | $preliminary$ | 0.056,541,2<br>(0.57) | 0.019,548,5<br>(0.25) | 0.071,350,9<br>(0.50) |
| | $middle$ | 0.161,122<br>(1.59) | 0.056,508,9<br>(0.72) | 0.219,003<br>(1.51) |
| | $high$ | 0.252,877,9**<br>(2.49) | 0.026,938,7<br>(0.34) | 0.319,516,6**<br>(2.20) |
| | $postgra$ | 0.232,541,3*<br>(1.84) | 0.131,339<br>(1.26) | 0.253,615,6<br>(1.46) |
| | $\ln(income)$ | 0.097,292,7***<br>(6.32) | 0.035,902,8***<br>(2.90) | 0.088,505,4***<br>(4.20) |
| | $\ln(wealth)$ | 0.071,92***<br>(3.03) | −0.006,241,6<br>(−0.31) | 0.128,499,1***<br>(4.09) |
| | $householdsize$ | 0.010,842,5<br>(0.88) | −0.007,676,9<br>(−0.76) | 0.001,593,5<br>(0.10) |
| | $age2535$ | 0.126,532,5<br>(1.24) | −0.142,644,5<br>(−1.62) | 0.255,362,3*<br>(1.73) |
| | $age3545$ | 0.233,197**<br>(2.30) | −0.201,528,1**<br>(−2.30) | 0.388,197,6***<br>(2.66) |
| | $age4555$ | 0.153,338,4<br>(1.49) | −0.197,537,5**<br>(−2.22) | 0.328,629,4**<br>(2.21) |
| | $age5565$ | 0.170,655,7<br>(1.63) | −0.122,082,8<br>(−1.36) | 0.364,577**<br>(2.42) |
| | $age65$ | −0.005,937,2<br>(−0.05) | −0.005,628,9<br>(−0.06) | 0.232,419,8<br>(1.50) |
| | $IP$ | 0.221,929***<br>(5.81) | −0.095,100,5***<br>(−2.82) | 0.250,340,1***<br>(5.15) |

表4-15(續)

| 被解釋變量 | | *riskyfinancew* (*tobit*) | *depositw* (*tobit*) | *stockw* (*tobit*) |
|---|---|---|---|---|
| 主要解釋變量 | *M* | -0.046,398,4 (-0.87) | 0.003,407,5 (0.08) | 0.025,498 (0.35) |
| | *selfbusiness* | -0.034,507,4 (-0.87) | 0.006,083,4 (0.18) | -0.171,722,3*** (-3.09) |
| | *social_insurance* | 0.049,975 (0.60) | 0.112,068,6 (1.62) | 0.080,596,4 (0.68) |
| | *health* | -0.026,216,1 (-1.18) | -0.013,074,6 (-0.70) | -0.017,547,8 (-0.60) |
| | Pseudo $R^2$ | 0.104,6 | 0.023,7 | 0.109,2 |

註：(1) ***、**、*分別為1%、5%和10%顯著水平下有意義。

(2) 括號內為t值。

(3) *riskyfinancew* 代表風險性金融資產占比，*depositw* 代表存款資產占比，*stockw* 代表股票資產占比。IP 為風險厭惡程度，*M* 為婚姻狀況，*selfbusiness* 代表家庭有無自營工商業，*debtratio* 為家庭資產負債率，*Socail_insurance* 為家庭有沒有社會保障保險，*health* 為身體狀況。

對於最高財富群組來講，迴歸式（1）報告了風險性金融資產影響因素的估計結果。和對照組相比，接受過高等教育和研究生教育的家庭會持有更多的風險性金融資產。收入和財富對風險性金融資產的持有都有顯著正向影響。這與前面的持有更多的金融資產的分析類似，很多風險性金融資產的持有受到需要更高的受教育水平以及更高的財富來跨越其投資門檻的限制。

在年齡方面，與對照組相比，年齡組在35～45歲的都會持有更多的風險性資產，這個年齡組正屬壯年，風險的承受能力比較高，投資風險性金融資產的經驗也較豐富，因此會傾向於持有更多的風險性金融資產。此外風險容忍度高的家庭也顯著持有更多的風險性金融資產。

先前的文獻認為，中國當前的高儲蓄率原因在於收入分配的不均，富人擁有大量可支配收入，卻又缺少投資的渠道，因此大量資金沉澱在銀行存款中。由此我們對最高財富群組的存款比例進行探究，發現收入確實會顯著影響存款的比例，收入越高，存款的比例也就越高，從而也確實驗證了之前文獻的研究成果。

在年齡的影響方面，和16～25歲的對照組相比，年齡組在35～45歲、45～55歲存款的比例會有所降低，年齡的增加會豐富閱歷，能夠更好地把握住各類投資機會，進而將更多的資金投資到風險性金融資產的市場上。同時風險容忍度高的家庭的存款比例要顯著低於一般家庭，存款的低風險、低收益的特

徵滿足不了這部分家庭投資理財的需要，因此在其資產的配置上就會有所體現。

在股票的持有比例上，只有接受過高等教育的家庭和對照組相比持有更多的股票資產，其他受教育程度的家庭的表現都不顯著。收入和家庭財富對家庭股票的持有也有顯著正向影響。在年齡對股票比例的影響上，年齡組在35～45歲的家庭比對照組持有更多的股票，其估計係數為0.39，而年齡組在25～35歲、45～55歲的估計係數則分別為0.26、0.33。風險容忍度高的家庭持有的股票比例也顯著高於容忍度低的家庭。

有個體工商業的估計係數為-0.17，在1%的顯著水平上顯著，說明個體工商業對家庭持有股票資產具有負向影響。這與中等財富群組家庭的表現相一致。將精力更多地放在家庭生意上的人一般有更少的精力再去過多地投資股票等資產，這也從另一個方面說明投資股票成功的人是需要更多的知識和專業的投資經驗的，而也正如之前提到的高淨值人群的職業構成中有一部分為專業股民。這說明投資股票市場如果想成功的話，是需要一定的專業知識累積和時間的，所以本書認為不應該建議廣大的普通民眾廣泛參與目前的資本市場來獲得財產性收入，這很可能適得其反。

我們沒有匯報最高財富群組借出款比例的影響因素，是因為結果表明人口統計學特徵、家庭財產狀況對借出款比例的影響都不顯著，更多尚未觀測不到的因素在發揮作用，這點有待進一步的探究和考察。

### 4.3.4 最高財富群組家庭資產配置方式的啟示

最高財富群組在家庭資產配置上除了與中等財富群組表現出一定的共性外，還體現出自身的一些特點。最高財富群組家庭構成更多是城鎮居民，他們受教育程度高，對金融市場有一定的參與深度，各類資產的配置相對來講比較均衡。同時家庭對風險的認識也更加明確，能夠主動根據家庭風險偏好以及預期需要來調整家庭的資產配置。

銀行存款在家庭金融資產當中的比例雖然與其他財富群組相比較低，但仍然是家庭金融資產份額中最大的一塊。而美國的富人投資的重點則多在股票、債券、共同基金等資產上。在積聚財富的方式上，美國中產階級則通過規避風險，省吃儉用來拓展財富；而美國富人則通過風險性投資獲得較高的回報。而中國的富人階層在資產配置的態度上相對趨於謹慎，這背後既有歷史文化以及製度變遷的原因，也反應出當前金融市場不能完全滿足其投資理財需要的現實困境。

在前面我們對家庭金融資產配置進行跨國比較時，會發現東亞國家的儲蓄資產所占的份額要遠高於歐美國家，相似的文化背景以及在對待財富的態度上，東亞國家的家庭都有著類似的認識，家庭的預防性動機更強。此外我們國家正在經歷一場各個層面上的制度變遷，教育和醫療的市場化改革以及社會保障的缺位增加了家庭在獲得相應服務上的支出，由此進一步強化了家庭的預防性動機。同時當前的金融市場發育尚不健全，股票市場缺乏賺錢效應，80%的家庭參與股票投資時經受著虧損，而債券市場缺乏足夠的流動性，基金管理的業績受著股票市場的影響。當前市場的現狀制約了家庭金融資產的配置，未來的金融體系改革應該給予這個問題以足夠重視。

最高財富群組家庭更關注家庭健康，迴歸結果也證實了這一結論。家庭應該根據自身的健康狀況來調整投資組合，健康狀況良好的家庭可以適當增加金融資產和風險性資產的比例。我們也可以看到在最高財富群組資產配置中，外匯資產占比超過1%，尤其是對於那些有送子女出國讀書打算的家庭來講，根據家庭的收支狀況來構建一個投資組合，以滿足子女留學的開支就顯得尤為重要。儘管房產的收益率相對依然較高，但是其低流動性的特徵使得家庭不能夠快速獲得相應的資金，因此這部分資產的配置比例可以適當降低。家庭關注的重點應該放到金融資產上，尤其是低風險的金融資產，金融資產既能滿足家庭流動性的需要，也能實現資金的保值增值。目前很多銀行都有留學金融的服務，服務的項目除了各種手續證明的辦理，還包括家庭留學理財規劃的諮詢。

總之，最高財富群組家庭應該明確家庭理財的目標，在衡量好自身風險承受能力的前提下，加大對金融市場的參與力度，以保證財富的增值。金融機構也應針對這一客戶群體設立專門的服務機構，有針對性地為這一群體設計符合其家庭情況的理財計劃，這也為金融機構如私人銀行等業務的發展提供了更好的機遇。

## 4.4 家庭金融下資產結構的演變趨勢

經過對最低財富群組、中等財富群組以及最高財富群組三個財富群組家庭資產配置影響因素的分析，我們發現中國各個階層的家庭在資產配置上表現出一些共性。具體來講，房產占比普遍偏高，同時房產是家庭資產中最重要的組成部分。CHFS的數據顯示，家庭自有住房率達到了89.68%，超過了世界平均60%的水平。家庭金融資產主要為銀行存款、現金等無風險資產，家庭金融資產中風險性資產的比例偏低，同時生產性資產多集中在農村家庭。上述特徵

勾勒了中國家庭資產配置的基本影像。

　　針對不同財富群組的家庭，各個階層的家庭的資產配置現狀以及面臨的問題存有較大差異，最低財富群組現金持有比例較高，一方面缺少基本的家庭理財意識，另一方面無法方便快捷地獲得相應的金融服務。而中等財富群組家庭在參與金融市場方面表現比較活躍，但家庭金融資產仍然相對集中在銀行存款，資產組合趨於單一。最高財富群組為實現財富的增值，廣泛地把資產配置到各類金融資產上，但家庭需要根據自身的風險偏好以及預期收支狀況對當前的資產進行配置，從而滿足自身的醫療、教育、養老等方面的需求。

　　未來的中國在保持經濟均衡增長的前提下，也面臨諸多的挑戰，需要克服很多的困難。解決這些問題需要依靠改革和創新，製度變遷勢必會對家庭資產，尤其是金融資產的配置產生深遠的影響。根據實證結果，結合未來中國發展的方向，我們對家庭資產配置的演變趨勢進行預測。

　　第一，家庭受教育程度將得到明顯提高，人力資本累積對經濟增長的貢獻也會增加。根據《國家中長期教育改革和發展規劃綱要（2010—2020年）》，國家大力推進教育的發展與改革，居民的受教育程度會進一步提高，同時有更多的人有機會去接受高等教育。此外，在保障教育公平上，城鄉之間、不同收入群體之間將會被賦予均等的機會去便捷地獲取教育資源。同時受教育程度是人力資本很重要的一個方面，提高居民受教育程度能夠幫助家庭獲取更多的工作機會，切實提高家庭的可支配收入。在這個過程中，居民對金融產品的認識也會隨之深入，國內外的文獻研究均表明金融知識的增加有利於促進居民積極地參與金融市場，增加家庭金融資產配置的種類，提高比例。家庭的風險意識也會更加明確，從而使家庭資產的配置能夠更加貼近家庭的風險偏好。

　　第二，人口老齡化使得人口結構中老年人的比例進一步提高，出生率和死亡率都將降低，中國將步入老齡化社會。老齡化是當前中國面臨的一個很大的問題，老年人數量的增加給當前的醫療服務、社會保障等方面都提出了挑戰。在退休年齡固定的情況下，對於個人來講，會增加當前的儲蓄以滿足退休後的消費。儲蓄的絕大部分會被分配到低風險資產上，商業養老保險和商業健康保險等保險種類也將被家庭所推崇，保險產品的市場空間將進一步被打開。根據我們之前實證分析的結果，隨著年齡的增加，家庭住房資產的比例將會進一步提高。這背後有「以房養老」的動機，房產成了家庭自我保險的一種方式。2013年國務院印發的《關於加快發展養老服務業的若干意見》明確提出「開展老年人住房反向抵押養老保險試點」，這裡的住房反向抵押貸款是指老人將自己的住房抵押出去，以期取得一定數額的養老金或者接受養老服務的方式。

「以房養老」的全面鋪開在一定程度上會強化家庭購房的動機，尤其是在中等財富群組裡面，那些有富餘資金的家庭可能會出於自保險的動機重新購置住房。

第三，在克服「中等收入陷阱」，完成產業升級轉型的過程中，政府會通過一系列財稅政策來縮小收入差距。同時隨著產業轉型的深入進行，勞動密集型產業逐步升級為資本密集型的產業，此時勞動相對資本來講變得更加稀缺，工資水平將被拉升。生產要素的結構改變使得要素價格發生改變，中低財富群組家庭的勞動收入會顯著增加，最高財富群組的資本收入增速將變緩。表4-16展示了不同財富群組家庭內部的基尼系數。

表4-16　　　　　　　　財富群組內部基尼系數

| 總體 | 最低財富群組 | 中等財富群組 | 最高財富群組 |
| --- | --- | --- | --- |
| 0.607,8 | 0.603,1 | 0.475,5 | 0.603,6 |

數據來源：CHFS。

從表4-16我們可以看到當前財富分配不均的現狀，即使在最高群組內部，基尼系數也達到了0.603,6，這一定程度上反應了財富更加集中在少數家庭手中。中等財富群組家庭內部的基尼系數為0.475,5，基尼系數相對較小，培育中等財富群組也是縮小收入差距的重要途徑。當前中國的「高儲蓄率之謎」很大一部分是收入分配不均造成的，中低收入水平的家庭缺少資金來源去消費，而高收入階層在滿足日常消費之後，就把相當一部分資金以銀行存款的方式配置起來，我們的實證結果也表明了這一點。在縮小收入差距的過程，中低財富群組對金融市場的參與會更加活躍，家庭金融資產的結構也將趨於多元化。而對最高財富群組來講，政府的二次分配政策會給家庭金融資產的配置帶來更多變數。歐美發達國家對富人都會徵收巨額的遺產稅和房產稅，富人出於避稅的需要，把家庭資產的相當一部分配置到保險資產上，因為根據其相關法律規定，保險資產享有稅收豁免權。

第四，社會保障的覆蓋力度會進一步增大。隨著人民生活的進一步改善，社會結構還在進一步分化，包括貧富差距、勞資矛盾、農民工與市民的利益分歧及城鄉差距、地區差距在內的各種問題，都需要社會保障去緩和或化解（鄭功成，2010）。社會保障會減少家庭儲蓄的預防性需求，增大家庭持有風險性金融資產的比例。尤其是對於中低財富群組來講，社會保障的意義尤為重要，社會保障能夠減少未來收入和消費的不確定預期，家庭金融資產的配置將向風險性資產上傾斜，高儲蓄的狀況也將改善。

第五，居民體質進一步改善，預期壽命顯著增加。儘管中國在進行快速工業化的過程中，環境污染在一定程度上影響了居民的健康狀況，但我們看到居民的健康狀況仍在顯著改善。作為人力資本的組成部分，良好的健康狀況能夠幫助家庭獲得更多的工資性收入，同時家庭的風險性資產比例將顯著提高。隨著預期壽命的提高，家庭也將更加關注養老，開始制訂養老計劃，調整目前的資產配置，以平滑消費，保證退休之後的生活質量不會大幅度地下降。

第六，新型城鎮化使得大量農村人口轉移到城市，新農村建設的推進使得農村人口的聚集方式發生改變。新一屆政府多次強調「新型城鎮化是人的城鎮化」，隨著城鎮化的推進，有相當一部分農村居民變成了城鎮居民。進入城鎮能夠幫助他們獲得更多的就業機會同時在醫療、教育、金融理財等方面也會獲得更便捷的服務。根據我們的實證結果，到達市（縣）中心的時間會顯著影響家庭持有現金的比例。城鎮化和新農村建設的推進將顯著改善這一狀況，尤其對於最低財富群組家庭來講，家庭能更加方便地參與金融市場，持幣比例會大幅降低。

# 5 中國家庭金融中的居民負債分析

前面的章節我們首先研究了家庭金融中的資產配置環節，即家庭如何安排其資金在生活需要、流動性保障資金、投資性金融資產、實物資產以及其他資產上面的分配，這一安排受到家庭自身收入及財富的影響和制約，但家庭可以配置資產的範疇不只限於家庭的淨財富範疇，家庭也可以通過負債借入資金的方式來擴大家庭資產配置的範疇。那麼接下來我們進一步看一下家庭金融中的重要一環——負債。

負債也是家庭資產配置行為中的重要一環，在家庭流動性約束的情況下，通過借入資金，家庭可以滿足當前消費或者投資的需要。根據不同的目的，家庭在借貸方面也表現出來不同的特徵。通常來講，用於自營工商業的借貸數額較大，來源渠道既有銀行等金融機構，也有民間借貸，通常伴隨著利息的償付；用於教育的借貸金額常常不大，多來自親朋好友，這種人情債通常沒有支付利息；而有些消費負債（房產、信用卡等）的來源渠道通常是銀行等正規金融機構。這種來源渠道的差異在一定程度上決定了負債本身的風險。我們通過前兩章對家庭資產的考察，再回過頭審視家庭的借貸狀況，對於釐清中國家庭金融資產配置具有重要意義。

## 5.1 中國家庭負債現狀

家庭負債是指家庭通過借貸獲得的資金，包括所有家庭成員欠非家庭成員的債務、銀行貸款、應付帳單等。一定比例的家庭負債可以改善家庭生活現狀，例如通過按揭貸款的手段獲得住房，既能解決生活所需，也是對未來的投資，只要家庭具備相應的還款能力，又不會很大程度地影響生活質量即可。合理把握家庭負債的比重，是每個家庭必須要權衡的問題。

近年來，中國家庭的債務率呈現不斷攀升的趨勢。朱高林（2012）[1] 認為在中國長期寬鬆貨幣政策的驅使下，信用卡發行泛濫、住房投機越演越烈和一步到位的消費觀念不斷盛行，使得家庭收不抵支，負債率不斷攀升。招商銀行發布的《2009年中國城市居民財富亞健康報告》數據顯示，接近30%的受訪者家庭負債比率高於40%，高負債的狀況會導致家庭生活質量下降，在家庭收入減少不能按時規劃借款利息或本金的情況下，會被銀行加收罰息甚至被銀行凍結或者收回家庭所抵押的房產。

現有文獻對家庭負債影響的研究，主要從負債的結構、負債的影響因素等方面展開。何麗芬等（2012）[2] 運用調查數據對中國家庭負債的因素進行了實證分析，其研究表明家庭的人口統計學特徵、房產持有狀況、金融資產持有狀況、風險態度、消費預期等對中國家庭是否持有負債以及持有負債的程度存有影響。吳衛星等（2012）[3] 對中國居民家庭負債決策的群體差異進行了比較研究，其研究認為只有較高負債規模家庭的負債與家庭收入呈正相關的關係，而在其他群體中收入並不是顯著影響的因素，導致負債比例的成因在各個家庭當中也顯著不同。郭新華（2006）[4] 指出在當前個人消費信貸規模急遽擴大的情況下，應該大力關注家庭債務危機問題，盡快推出中國的消費者破產法，而從政策層面上，政府應該加快社會保障製度的建立，完善社會保障體系和信用擔保機制，同時積極調整收入分配政策，提高各階層居民的收入水平，上述途徑是降低中國家庭負債率過高可能帶來的各種風險的有效政策措施。

### 5.1.1 中國家庭負債的種類

在中國家庭金融調查（CHFS）的問卷設計中，負債包括農業及工商業借款、房屋借款、汽車借款、金融投資借款、信用卡借款等。我們首先從總體上對中國家庭金融資產的負債結構進行一個簡單的描述統計。具體情況見圖5-1。

---

[1] 朱高林. 中國居民家庭債務率攀升及原因分析［J］. 經濟體制改革，2012（4）：27-31.
[2] 何麗芬，吳衛星，徐芊. 中國家庭負債狀況、結構及其影響因素分析［J］. 華中師範大學（人文社會科學版），2012（1）：59-68.
[3] 吳衛星，徐芊，白曉輝. 中國居民家庭負債決策的群體差異比較研究［J］. 財經研究，2013（3）：19-29.
[4] 郭新華. 家庭借貸、違約和破產［D］. 武漢：華中科技大學，2006.

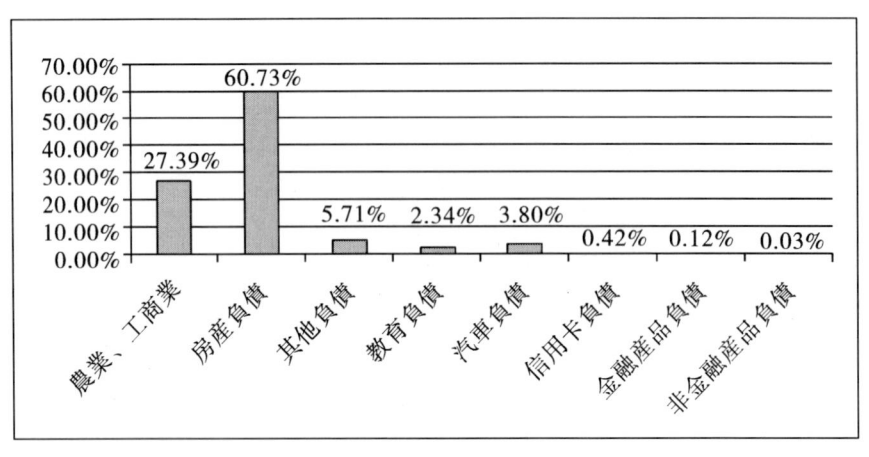

图 5-1  中國家庭負債情況占比圖

數據來源：CHFS。

在中國家庭負債情況占比圖中，我們可以看到房產負債是家庭的主要負債，占比高達 60.73%，家庭在購買房屋的時候，通常的方式是從銀行獲得按揭貸款，或者從親朋好友處借款，以滿足目前的住房需求。在當前房價不斷高企的情況下，住房信貸是家庭在當前收入不足以購房的情況下一個常見的選擇。其次第二大負債來源是農業、工商業負債，占比達 27.39%，家庭在經營自營工商業、農業的時候需要大量資金運轉，因而依靠借貸來滿足這種需要。其他負債除了包括日常消費負債以外，還包含來自他人或者民間金融組織的借款。其他負債占比高達 5.71%，反應了當前民間借貸的活躍程度。家庭把富餘資金拆借出去，以收取相應回報。教育負債占 2.34%，是第五大負債來源，我們注意到尤其是農村家庭的子女在接受高等教育時，通常依靠助學貸款、生源地貸款等方式來獲得相應的學費支持，許多家庭也因學致貧，這是一個值得警惕的趨勢。國家在推進教育公平的時候，應該適當減免農村生源的學雜費，在信貸支持上給予更大幅度的寬限和優惠，使得教育負債控製在更低、更可控的水平上。由於信用卡當前負債時效性很強，多數持有信用卡的家庭當月的負債額度均保持在自身可承受的水平上，因而占比較低。通過借貸購買金融產品（包括股票在內）的行為屬於高風險的資產配置活動，因而只有很小一部分的家庭採用了這種方式。

接下來，我們把考察的重點放在那些持有負債的家庭上，觀察持有各項負債的家庭占全部調查家庭的比例，借此反應當前中國家庭參與各項借貸的比例。具體情況見圖 5-2。

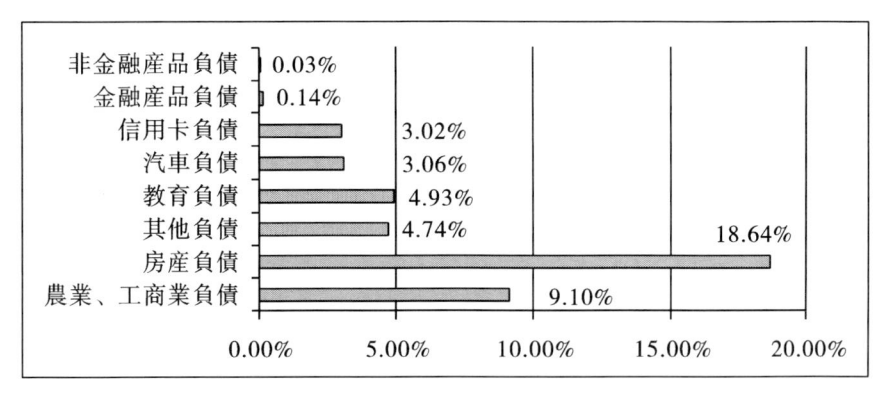

```
非金融產品負債  0.03%
金融產品負債    0.14%
信用卡負債      3.02%
汽車負債        3.06%
教育負債        4.93%
其他負債        4.74%
房產負債                        18.64%
農業、工商業負債  9.10%
           0.00%  5.00%  10.00%  15.00%  20.00%
```

圖 5-2　擁有各項負債家庭的比例

數據來源：CHFS。

在中國所有家庭中，有 18.64% 的家庭在購置房屋的過程中產生了負債。這些負債有兩個來源，一方面來自銀行的各類貸款，另一方面來自包括親朋好友在內的各類民間借貸。房產負債是目前中國家庭負債方式中占比最大的一種。同時我們觀察到，儘管農業、工商業負債占家庭負債比例較高，但只有 9.1% 的中國家庭參與了這類活動的借貸，低於參與房產負債家庭的比例。參與教育負債、汽車負債的家庭比例分別為 4.93%、3.06%，使用信用卡同時產生負債的家庭比例為 3.02%，這代表著只有很小一部分中國家庭使用了信用卡進行透支消費，因而信用卡推廣的市場空間還是很大的。

### 5.1.2　家庭負債融資的渠道

通常家庭在準備進行借貸的時候，一般會有兩種方式可供選擇：銀行貸款和民間借貸。通常情況下銀行貸款門檻較高，需要用相應的抵押品進行抵押等才能獲得資金。在某些情況下，銀行扮演著「錦上添花」的角色，而非「雪中送炭」。對於不少急需資金又缺乏抵押物等無法滿足銀行貸款條件的家庭，往往只有通過民間借貸的方式來獲得一定的資金補償。民間借貸在一定程度上成了對銀行借貸的補充。同時由於民間借貸的不規範，會引發一系列嚴重的社會問題。

下面，我們利用 CHFS 的數據來考察家庭在面臨流動性約束時的信貸選擇，進而可以觀察到民間借貸的規模和比重。具體情況見圖 5-3。

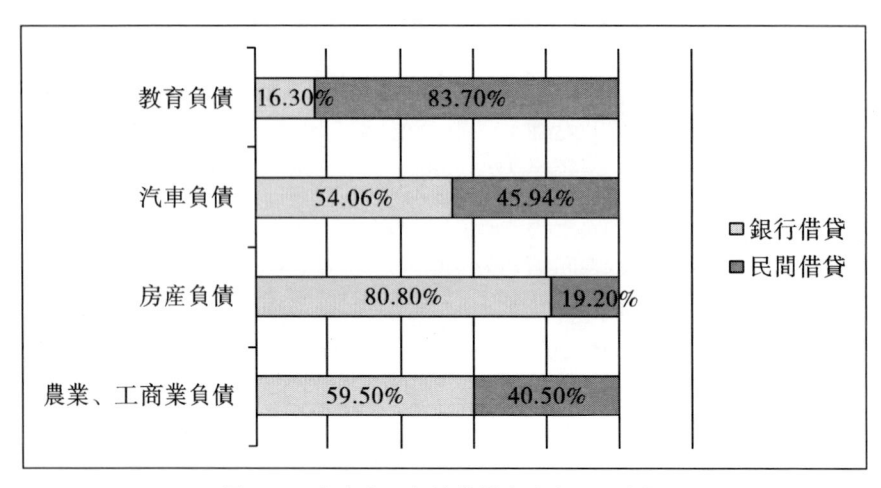

| 類別 | 銀行借貸 | 民間借貸 |
|---|---|---|
| 教育負債 | 16.30% | 83.70% |
| 汽車負債 | 54.06% | 45.94% |
| 房產負債 | 80.80% | 19.20% |
| 農業、工商業負債 | 59.50% | 40.50% |

圖 5-3　家庭主要負債借貸方式占比示意圖

數據來源：CHFS。

從圖 5-3 中我們可以看到，民間借貸在家庭借貸中占據著重要的地位，其中教育負債中，有 83.70% 的負債來自民間借貸，只有 16.30% 的負債來自國家助學貸款或者商業教育貸款。而在因購買汽車產生的負債中，有 54.06% 的負債來自銀行等金融機構，45.94% 的負債來自民間借貸。而居民在購買房產時，則主要依靠銀行等金融機構發放的貸款，占比高達 80.80%。這是因為住房按揭貸款等銀行金融產品使得購房者能夠以所購住房做抵押，並由其所購住房的房地產企業提供階段性擔保，這種方式使得購房者能夠較為便捷地獲得銀行的購房貸款。家庭在經營農業、工商業等自有產權時常常會遇到資金瓶頸，這種資金缺口一方面可以通過銀行（59.50%）得以滿足，另一方面則需要通過民間融資方式得以滿足，這部分占比較高，達到了 40.50%。

## 5.2　中國家庭負債結構分析

按照家庭負債的用途來看，家庭負債大體可以分為消費負債和投資負債兩大類，但是兩者的界限卻並不清晰，如家庭為配置房產所產生的負債，其既有投資的性質，又有消費的性質。為了對這兩類負債有一個明確的區分，我們約定家庭購買第一套房產而產生的借貸屬於消費負債，購買更多套房產則屬於投資負債。

根據 CHFS 的問卷設計，有些負債種類的區分太過於模糊，比如因擁有某

些耐用消費品、字畫、古董而產生的性質，這部分負債既有投資性質，又有消費性質。此外還有一些負債，用途比較模糊，難以區分其屬性，由此，我們在考察負債種類時對這兩類負債不予考察。汽車屬於耐用消費品，信用卡負債主要是為了滿足當前消費。具體來講，消費負債包括第一套房產負債、汽車負債、信用卡負債，而投資負債則包括農業、工商業負債，教育負債，購買多套房產產生的負債、金融產品負債。

### 5.2.1 消費負債

「消費信貸」最早興盛於美國，1919年通用汽車公司設計出來「汽車貸款」，讓當前沒有支付能力的購車人通過分期付款的方式獲得自己的汽車，通過種方式使得「消費信貸」為更多的美國人接受。但是次貸危機的出現使得消費信貸的弊端也暴露在我們面前，一些壓根沒有支付能力的居民也能夠輕易獲得銀行貸款，最後因為大規模的次級貸款的違約導致了一場波及世界的金融海嘯的發生。在當前中國消費信貸方興未艾，我們一方面需要吸取美國次貸危機的經驗教訓，嚴格進行風險管控；另一方面需要推進消費信貸覆蓋的深度和廣度，在保證居民未來收入持續增長的前提下，可以通過消費信貸的方式擴大消費支出的規模，進而促進生產的發展，帶動經濟的增長。

圖 5-4 反應了家庭主要消費負債的占比情況。

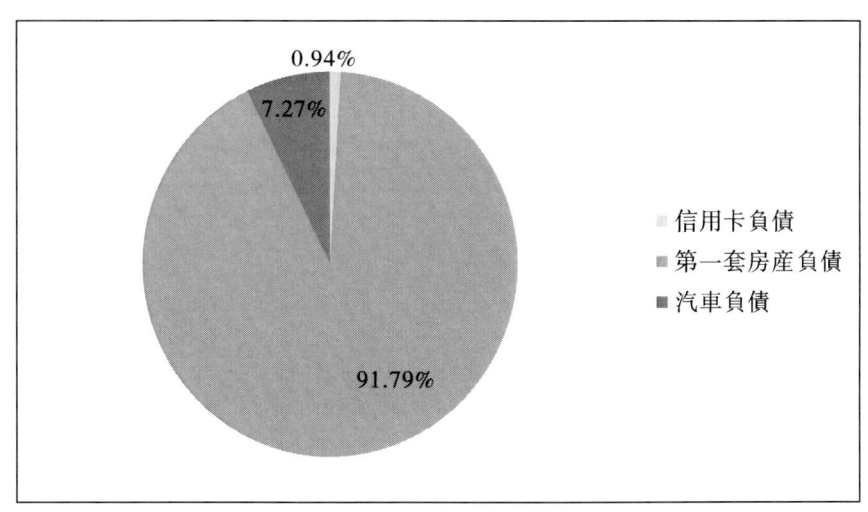

圖 5-4　家庭主要消費負債占比情況

數據來源：CHFS。

在消費負債的結構中，購房購車是很多家庭在購置耐用消費品時的主要選擇，家庭購買第一套房產產生的負債占據了絕大部分的比例，達到了91.79%，其次汽車負債占比達到了7.27%，為滿足當前消費而透支信用卡產生的負債只占到了0.94%。

### 5.2.2 投資負債

投資負債是指家庭利用拆借過來的資金進行相應的投資活動，包括自營農業、工商業，房產，金融產品，教育等。投資負債的風險相對較高，由於面對著未來收益的不確定性，因此很多情況下如果不能保證利潤率高於借貸的利率，就會發生無法償付的狀況。

圖5-5反應了家庭主要投資負債的結構占比情況。

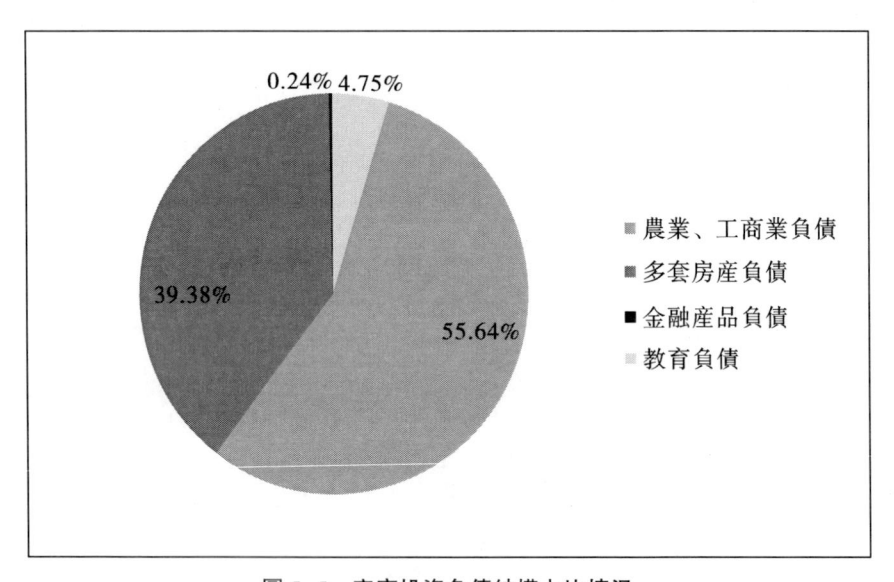

圖5-5 家庭投資負債結構占比情況

數據來源：CHFS。

在家庭的投資負債中，農業、工商業是主要的負債領域，高達55.64%；其次在當前房價上漲預期的不斷推動下，許多家庭傾向於購買更多套住房，由此產生的負債也占據相當大的比重，達到了39.38%；最後教育負債和因購買金融產品而產生的負債分別占比4.75%和0.24%。

其中教育負債在城鄉的分布存有很大的差異，大部分的教育負債集中在農村。在有教育負債的家庭中，農村家庭占比77.88%，而城市家庭只有22.12%。同樣，通過民間借貸的方式（親戚朋友或非銀行類金融機構）獲得教育借款的

家庭中，農村家庭占比高達67.37%，而城市家庭只有32.63%。

### 5.2.3 影響家庭負債的因素

在看了目前中國家庭負債的一些基本數據以後，我們來分析一下家庭負債受到哪些因素的影響。家庭負債對於家庭的跨期消費選擇具有重要意義，適度的家庭負債可以提高家庭生活質量，平滑各期消費；而過度的家庭負債則會給家庭帶來很大的財務壓力，使家庭出現債務危機。

現有的研究認為人口統計因素、社會經濟金融因素以及家庭對未來的預期會影響家庭的負債狀況。家庭通常為了增加當期消費而發生借貸，這通常有兩方面原因：一個是生命週期因素的影響，一個是當前流動性約束。如果償還這些債務的現金流來源主要是家庭收入，而家庭收入又受到風險的制約，這些風險包括失業、實際工資的變化等，由此個體對待風險的態度就決定了家庭進行借貸的選擇。Sarah Brown 等（2013）利用美國動態收入調查（PSID）的1984—2007 年的面板數據，考察了家庭負債和風險偏好程度的關係。其研究發現，對於風險規避的家庭來講，對待風險的態度是決定家庭借貸的重要影響因素。Sebastian Barnes 等（2003）考察了美國家庭 20 世紀 70 年代以來家庭負債增加的影響因素，其模型揭示了家庭生命週期消費行為、住房消費融資借貸的需求，以及人口統計特徵（年齡、收入等）是主要的影響因素，影響了家庭的借貸狀況。

此外對未來的預期也會影響家庭的負債狀況。如果家庭預期未來收入增加，收入的增加意味著家庭未來對債務的償還能力也在提高，那麼就可以增加借貸來滿足當前的消費。宏觀經濟的環境也會影響家庭借貸，寬鬆的信貸政策會使得更多家庭能夠獲得相應的貸款支持，以滿足其各種各樣的需要。不過過分寬鬆的信貸環境也可能會給整體經濟帶來危機，美國的次貸危機就是在這種過於寬鬆信貸政策的背景下發生的。次級貸款的持有者主要是那些收入較低、不具備良好信用的家庭，當經濟環境發生變動的時候，這些借款家庭極有可能發生拖欠行為，這個是次級貸款市場難以迴避的系統性風險。隨著當時美國市場利率的升高，房價開始下跌，次級貸款的家庭開始難以承受房貸的負擔，進而引發大規模的金融風險。由此，宏觀信貸政策對於家庭借貸也是一個很重要的影響因素。

對於中國家庭來講，儘管家庭的負債水平逐年上升，但是中國家庭的消費信貸和消費水平仍有很大的提升空間。中國家庭的負債方式主要是向銀行等金融機構借款，圖 5-6 反應了近幾年中國家庭貸款占金融機構貸款的變化趨勢。

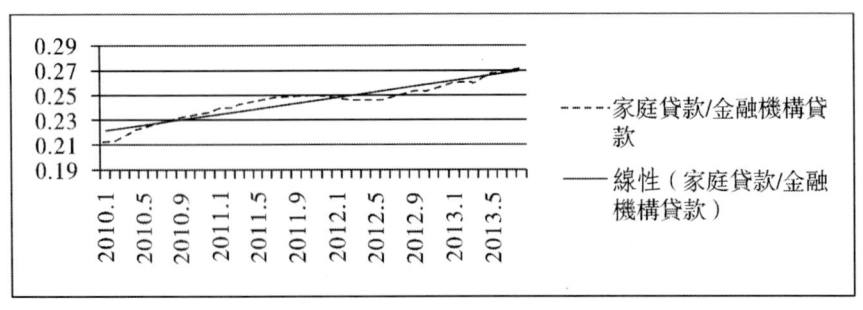

圖 5-6　2010—2013 年中國家庭貸款占金融機構貸款變化趨勢圖

數據來源：中經網數據庫。

從圖 5-6 中我們可以看到，中國家庭貸款占金融機構的貸款不斷增加，從 2010 年年初的 21%一直增加到 2013 年年中的 27%。圖 5-6 擬合出來的直線也直觀地反應出來了這一趨勢。截至 2013 年 8 月，家庭部門境內的貸款餘額達到了 18 萬億人民幣。

## 5.3　中國家庭負債的實證研究

針對當前家庭負債不斷增加的情況，考察家庭負債的影響因素，對於政府合理控製家庭借貸風險，適時調整信貸政策具有重要意義。下面我們就通過模型來考察中國家庭目前負債的影響因素。

### 5.3.1　變量設定和計量模型

下面我們採用 CHFS 的數據來對中國家庭負債的影響因素進行實證分析，分別使用 Probit 和 Tobit 模型定量考察家庭負債的影響因素。

在變量的設定上，我們選擇 *debt* 和 *debtonnetwealth* 兩個指標作為被解釋變量。*debt* 表示家庭是否擁有借貸（包括銀行借貸和民間借貸兩部分），如果家庭持有負債我們就記為 1，不持有則記為 0。這個指標可以反應家庭持有負債的可能性。*debtonnetwealth* 表示家庭的負債占淨資產的比例，可以反應家庭持有負債的程度。在 CHFS 的調查問卷中負債包括農業及工商業借款、房屋借款、汽車借款、金融投資借款、信用卡借款，以及其他借款等，淨資產則是總資產扣除負債之後的值，總資產既包括金融資產，也包括實物資產（房產、汽車等）。

在解釋變量的選擇上，我們借鑑何麗芬等（2012）、Sarah Brown 等（2013）

對家庭負債影響因素的研究，本書選取的家庭負債的影響因素主要包括家庭的人口統計學特徵、房產和金融資產的持有狀況、家庭對於風險的態度以及家庭對未來的預期（通貨膨脹、房價、經濟走勢等）。變量的具體設定如下：

性別（gender）。這個指標是性別虛擬變量，當戶主為女性時我們記為0，男性記為1。戶主是決定家庭消費和資產配置的主要決定人，不同的性別有著不同的風險厭惡特徵，進而影響借款者的借貸選擇。

年齡（age）。我們採用戶主的年齡作為家庭的代表，同時為了尋找年齡和負債的非線性關係，引入 age2，表示年齡的平方。

婚姻狀況（M）和家庭規模（household size）。若家庭戶主已婚，記 M=1，其他狀態記為0；我們用家庭人口的數量來表示家庭規模。

房產持有狀況（house）和金融資產持有狀況（finance）。兩類指標分別用房產市值和金融資產市值占家庭淨資產的比值表示。

收入（hh_income）。CHFS 的數據給出了經過插值處理以後的家庭收入，為了考察收入對負債的非線性影響，我們引入收入的平方（$income^2$）。

風險態度（IP）。問卷當中問到如果有一筆資產，被訪戶將如何選擇這些投資項目的問題。這些投資項目被分為了五類：高風險、高回報的項目，略高風險、略高回報的項目，平均風險、平均回報的項目，略低風險、略低回報的項目，不願意承擔任何風險。為簡化處理，我們把那些願意投資風險和回報均略高或者高的項目的家庭，稱為風險容忍度高的家庭，其他家庭則為風險容忍度低或者一般，我們在此不做區別。由此，風險態度（IP）是一個虛擬變量，1 表示風險容忍度高，0 表示風險容忍度低或者一般。

教育程度（education）。我們把戶主作為家庭的代表，其受教育程度分別從 1 記到 9，分為以下幾檔：沒上過學、小學、初中、高中、中專/職高、大專/高職、大學本科、碩士研究生、博士研究生。

家庭對未來的預期。CHFS 的問卷中分別涉及了家庭對未來房價（p_houseprice）、利率（p_interest）、經濟形勢（p_economics）的預期，在對房價的預期變化中，我們分別用 5、4、3、2、1 來表示未來一年家庭預期房價上升很多、上升一點、幾乎不變、降低一點、降低很多。同樣地，我們對利率和經濟形勢也做出這樣的設定。

在對計量模型的設定上，我們用 Probit 模型研究家庭是否擁有負債的影響因素，用 Tobit 模型研究家庭負債程度的影響因素。

### 5.3.2 實證結果分析

表 5-1 展示了家庭是否擁有負債和家庭負債占淨資產比例兩項被解釋變

量分別的實證估計結果。

表 5-1　　家庭是否擁有負債、家庭負債占淨資產比例估計結果

| 被解釋變量 | | debt (probit) | debtonwealth (tobit) |
|---|---|---|---|
| 解釋變量 | gender | 0.084,241,1** (2.29) | 0.063,347,8*** (5.70) |
| | hh_income | 8.73e-07*** (3.61) | 3.34e-07*** (5.39) |
| | income2 | -2.65e-13*** (-2.64) | -8.78e-14*** (-3.51) |
| | age | 0.030,810,7*** (3.76) | 0.012,367,1*** (4.85) |
| | age2 | -0.000,514,4*** (-6.34) | -0.000,191*** (-7.46) |
| | education | 0.005,750,6*** (0.52) | -0.017,407,5*** (-5.30) |
| | house | 1.228,178*** (25.00) | 0.625,543,7*** (45.92) |
| | finance | 0.090,463,6 (1.34) | 0.347,096,2*** (12.76) |
| | IP | 0.245,476,6*** (5.39) | 0.080,480,1*** (6.17) |
| | M | -0.161,683,5*** (-2.99) | -0.037,138,8** (-2.28) |
| | household size | 0.140,755,2*** (12.77) | 0.032,883,3*** (10.27) |
| 解釋變量 | p_houseprice | 0.014,959,8 (1.16) | -0.001,792,9 (-0.48) |
| | p_interest | 0.023,463,7** (2.45) | 0.004,939,8* (1.73) |
| | p_economics | -0.034,112,9** (-2.03) | -0.009,358,4* (-1.88) |
| | Pseudo $R^2$ | 0.163,0 | 0.325,5 |

註：（1）＊＊＊、＊＊、＊分別為1%、5%和10%顯著水平下有意義。
（2）Probit 迴歸括號內為 z 值，Tobit 迴歸括號內為 t 值。

從人口統計學特徵的影響上來看：①戶主性別影響了家庭持有負債的可能性和程度，男性戶主更傾向於持有負債，且相較於女性，男性會選擇更高的負債占淨資產的比例。②收入也影響了家庭持有負債的可能性和程度。由於收入

的平方迴歸系數顯著，在家庭收入小於某一值的時候，隨著收入的增加，家庭有更大的概率持有負債，也傾向於持有更多負債；當家庭的收入超過這個值的時候，家庭就變得更不傾向於借貸，且持有負債的概率也會隨之降低。③戶主年齡也對家庭持有負債的可能性和程度存有影響。由於年齡的平方迴歸系數顯著，同樣地，當戶主年齡小於某一值的時候，隨著戶主年齡的增加，家庭負債占淨資產的比例會提高，也更傾向於負債；而當家庭的戶主年齡超過這個值的時候，家庭持有負債的概率就會降低，負債占淨資產的比例也會降低。④隨著受教育程度的提高，家庭持有負債的可能性在增加，同時其負債占淨資產的比例也會降低。⑤家庭規模也會影響家庭持有負債的可能性和程度。⑥婚姻狀況對此也有顯著影響。已婚家庭在家庭財務上表現出更穩健的特點，因此更不傾向於借貸，負債占淨資產的比例也小於未婚家庭。

從房產和金融資產的持有狀況上來看：①由於持有房產需要大量的借貸資金，所以房產占家庭淨資產的比例也增加了家庭負債的可能性。房產占家庭淨資產的比例顯著正向影響了家庭負債占比，房產占家庭淨資產的比例越高，相應地，家庭負債占淨資產的比例也就越大。②金融資產對家庭淨資產的占比並不影響家庭持有負債的可能性，畢竟對於中國家庭來講，通過借貸來持有金融資產只占據很小的比例，但其會增加負債占淨資產的比例，即家庭持有金融資產越多，因發生借貸而持有金融資產的比例也就越大。

從風險態度和預期上來看：①由於持有負債，對於家庭來說具有一定的風險。因此，偏好風險的家庭有更大的可能性持有負債，且負債占淨資產的比例也比厭惡風險的家庭高。②房價的預期對當前家庭負債的持有沒有影響。③預期利率升高會增加家庭持有負債的可能性（5%的顯著水平）和負債的比例（10%的顯著水平），由於預期利率升高，如果當前持有負債，家庭負債的成本就會降低，因此，家庭也有足夠的動力去借入更多的資金。④預期宏觀經濟環境變好會降低家庭持有負債的可能性（5%的顯著水平）和負債的比例（10%的顯著水平）。預期未來經濟形勢變好，一定程度上也就預示著未來收入的增加，家庭可以延遲當前消費，等到收入增加時再滿足這種延遲後的消費。由於當前消費被推後，家庭持有負債進行消費的動機也被減弱。

通過上述的實證研究，我們發現了影響家庭負債的若干因素。通過對這些因素進行分析，本書發現某些方面與現有文獻保持一致，另外一些方面也有一定的差異。如我們發現了居民的預期對家庭負債存有影響，這與何麗芬等（2012）的結果不一致，考慮到我們樣本的全國代表性以及 CHFS 穩健的數據質量，結合相關經濟學解釋，本書認為本書的結果更為可信。

## 5.4 信貸約束對家庭融資行為的影響

家庭負債是一種家庭融資行為，家庭通過借貸獲得相應的資金用於消費和投資。通常家庭融資可以分為兩種：關係型融資和契約型融資。關係型融資即是從親朋好友處獲得資金，通常不償還利息或借款利息很低，償還期限也比較模糊；而契約型融資則是從銀行或者其他金融機構獲得信貸支持，有明確的貸款利率和期限限制。兩種融資方式面臨著不同的信貸約束，通常關係型融資和家庭的社會資本有關，建立在地緣、親緣和血緣關係基礎上的社會資本對於減輕金融交易中的信息不對稱現象、改善信貸供給狀況具有重要作用；而契約型融資方式則常常與家庭的歷史信用記錄、有無抵押品、是否有償還能力等方面的因素有關，借款者會從各個方面對家庭做一個綜合的考察，進而決定是否借款給借款人，以及借款的期限和利率。

現有文獻對家庭融資行為和信貸約束的研究主要從農戶信貸和家庭企業（自營工商業）兩方面展開的。由於當前城鄉二元體制，農村居民和城鎮居民在生產生活以及經營活動中存有較大差異，因此我們按照戶籍劃分分別考察城鎮家庭和農村家庭的融資行為，這樣更能發現中國家庭在借貸方面表現出來的特徵。

我們首先對比城鄉家庭在借貸結構上的差異，見表 5-2。

表 5-2　　　　　　　　　城鄉家庭借貸結構差異　　　　　　　　單位:%

|  | 城鎮 | 農村 |
| --- | --- | --- |
| 農業、工商業借款 | 21.50 | 39.01 |
| 住房借款 | 68.83 | 44.74 |
| 汽車借款 | 2.47 | 4.85 |
| 金融產品借款 | 0.18 | — |
| 信用卡借款 | 0.52 | 0.23 |
| 非金融資產借款 | 0.04 | — |
| 教育借款 | 1.87 | 3.27 |
| 其他借款 | 4.59 | 7.90 |

數據來源：CHFS。

從表 5-2 的數據來看，城鄉家庭在借貸結構上表現出很大的不同。首先，城鎮家庭的農業、工商業借款通常用於自營工商業，而農村家庭則主要用於農業，由於農村家庭普遍擁有耕地，並通過借貸來滿足擴大農業生產的需求，因

此其在農業、工商業借款這一項上占比較高。農村家庭的住房主要來自自己建造，借款通常來自親朋好友的幫助；而城鎮家庭則通常購買商品房，採用抵押貸款的方式獲取房屋，因此城鎮家庭在住房借款上比例高達68.83%。值得一提的是，隨著國家教育產業化的推進，農村家庭的子女在接受高等教育的時候，由此產生的教育負債對家庭來講也是一個不小的負擔，從其負債規模上也能看出端倪。

在下面的章節中，我們重點從信貸約束的角度去考察城鄉居民的家庭融資行為。

### 5.4.1 信貸約束對城鎮居民融資的影響研究

從前面的統計數據我們可以看到，城鎮居民家庭融資的主要目的是滿足購房的需要，而住房同時具備消費和投資的雙重特徵，在當前房地產調控的背景下，信貸約束對城鎮居民的購房選擇具有顯著影響。周京奎（2012）使用CHNS的數據檢驗了住宅市場風險和信貸約束對住宅需求傾向的影響，研究發現信貸約束對住宅消費選擇的影響要比市場風險的影響效應更顯著。

為了調控房地產市場，政府先後採用了限制購買，大幅提高二套房的首付比例，在信貸上進行調控，限制銀行對個人抵押貸款的發放，以及對房產進行徵稅等多種手段。上述措施在一定程度上對房價的上漲趨勢產生了抑製作用。但家庭對住房的內生性需求則源源不斷地推動房地產價格的走高。一方面由於城鎮化，大量新增的農業人口變成了非農業人口，大城市在不斷擴容；另一方面根據我們前述的討論，當前的金融市場家庭缺少有效的投資渠道，因此投資不動產對於家庭來講就是一個目前看起來比較好的資產配置選擇。

為了定量考察城鎮家庭面臨的信貸約束程度，我們借鑑Linneman, Wachter（1989）和Bourassa（1995）的度量方法，結合CHFS的數據，採用家庭的最優購房規模和當前購房規模的比值來衡量信貸約束的程度。我們假定家庭購買住房主要是為了滿足自身的居住性需求，這樣其按揭成數通常為住宅價值的70%[①]，家庭的年均住房還款額為：

$$L = \beta V = 0.7V$$

其中，$V$為住宅的價值。

Bourassa（1995）在研究類似的問題時假設家庭住房抵押貸款的年還款額不超過家庭年收入的30%，我們也沿用這一假設，因此理論上家庭購買住房的

---

[①] 購房的首付比例一般為住房價值的30%左右，因而其按揭成數為70%。

最大價值為:

$$V_y = 0.3Y/0.7i$$

式中,Y 為家庭當年的收入,i 住房貸款利率。

CHFS 調查當年的 5 年以上住房貸款利率為 5.94%,由此我們通過核算 $(V_y/V) - 1$ 的值來衡量家庭的信貸約束程度。表 5-3 報告了我們的核算結果。

表 5-3　　　　　　　　家庭信貸約束程度情況　　　　　　　　單位:%

| $(V_y/V) - 1$ | 家庭比例 |
|---|---|
| 小於 0 | 58.78 |
| 大於 0 小於 90% | 20.52 |
| 大於 90% 小於 100% | 1.02 |
| 大於 100% | 19.68 |

數據來源:CHFS。

根據 Linneman,Wachter(1989)的研究,當最優住宅購買規模超過當前規模 90%~100% 時,家庭面臨中等信貸約束;當最優購買規模超當前規模 100% 以上時,說明家庭面臨高信貸約束。我們的核算結果表明,有約 58.78% 家庭當前居住的住房規模超過了理論上的最優規模,這反應了在當前的住房供應體系下家庭對住房資產的超配。由於住房具有低流動性、一次性投入大的特徵,這些家庭的生活質量因購買住房將會受到影響。20.52% 的城鎮家庭面臨著較低程度的信貸約束,1.02% 的家庭面臨著中等程度的信貸約束,而 19.68% 的家庭則面臨著較高程度的信貸約束。我們接下來考察這部分面臨較高信貸約束家庭的當前房產持有狀況。

表 5-4　　　　　面臨較高信貸約束家庭的房產持有狀況　　　　　單位:%

| 擁有的住房套數 | 家庭比例 |
|---|---|
| 1 套 | 90.2 |
| 2 套 | 8.82 |
| 3 套 | 0.82 |
| 4 套 | 0.16 |

數據來源:CHFS。

在這部分面臨較高信貸約束的家庭中,所有的家庭都擁有自有住房,90.2% 的家庭擁有一套住房,8.82% 的家庭擁有兩套住房,而 0.98% 的家庭擁

有三套以上的住房。信貸約束反應了政府對居民非剛性需求購房的調控，從高信貸約束家庭住房的持有比例中，我們也能看出這一趨勢。購買房產碰到的信貸約束會降低家庭對房產的投機性需求，但是政府在制定住房信貸約束政策時，應該充分甄別不同家庭的情況，從而給予不同的信貸對待方式。

對於首次購買房產的家庭，在信貸發放條件、首付款比例以及貸款的利率等方面可以適當放寬，保證居者有其屋；而對於購買多套房的家庭，則應該增加上述限制，確保房價調控效果的達成。這從長期來看將有利於房地產市場的健康發展以及逐步使住房更多地迴歸到其居住的使用價值的功能層面。

### 5.4.2 信貸約束對農村居民融資的影響研究

由於農村金融市場具有一定的特殊性，因此農戶的融資行為也表現出來一系列不同的特點。周小斌等（2004）[1] 研究國家統計局農村住戶調查資料中河南、貴州和遼寧三省農戶的抽樣數據發現：農戶的經營規模、農戶投資和支付傾向對農戶借貸需求具有正向影響，而農戶自有資金支付能力則對農戶的借貸需求具有負向影響。程鬱、羅丹（2010）[2] 重新評估了農戶受到正規信貸約束的情況，並通過 Heckman 選擇模型獲得了一個更接近農戶真實願望的貸款需求估計，發現農戶未被滿足的信貸需求缺口占到其貸款需求總額的 56.72%。在研究社會網路和社會資本對農戶信貸的影響方面，楊汝岱等（2011）[3] 用「2009 年中國農村金融調查」的調研數據從社會網路視角考察了農戶的借貸需求行為，發現社會網路越發達的地區，農戶民間借貸行為越活躍；以社會網路為基礎的農戶民間借貸行為是傳統鄉土社會的典型特點，其作用和規模會隨著社會轉型和經濟發展而趨於弱化。張兵、李丹（2013）[4] 在對江蘇 602 個農戶調查分析後認為，社會資本雖然能在一定程度上緩解農戶的信貸約束，但這種以弱關係為主的社會資本是不穩定的，會促使家庭從關係型融資向契約型融資轉變。

為了考察農村家庭融資的動因和出現的問題，由於發生借貸的農村家庭只占其中的一部分，因此對農村家庭數據的考察採用審查數據（censored data）

---

[1] 周小斌，耿潔，李秉龍. 影響中國農戶借貸需求的因素分析 [J]. 中國農村經濟，2004(8)：26-30.
[2] 程鬱，羅丹. 信貸約束下中國農戶信貸缺口的估計 [J]. 世界經濟文匯，2010 (2)：69-80.
[3] 楊汝岱，陳斌開，朱詩娥. 基於社會網路視角的農戶民間借貸需求行為研究 [J]. 經濟研究，2011 (11)：116-129.
[4] 張兵，李丹. 社會資本變遷、農戶異質性與融資行為研究——基於江蘇 602 個農戶的調查分析 [J]. 江海學刊，2013 (3)：86-91.

的計量方法，本章節對影響農戶家庭融資行為的分析採用 Tobit 方法。

農村家庭主要收入來源為務農收入，根據 CHFS 的估算，農村家庭當年有 51.46% 的收入來自農業生產經營項目，由此我們猜測家庭的耕種面積會影響農村家庭的借貸選擇。耕種面積越多，家庭在生產經營中的投入也就越大，所以家庭在生產經營決策中會依賴借貸來滿足當前的需要。為此我們選用耕種面積（land）和農業生產經營的總成本（cost）來刻畫家庭的生產經營規模。

在當前國家對農業不斷傾斜補貼的情況下，各項惠農政策密集出抬，實物補貼和貨幣補貼的方式有助於幫助家庭完成當季的農業生產經營，我們把 CHFS 數據中農村家庭獲得的實物補貼和貨幣補貼的總金額加總，得到國家的補貼金額（fund）。由此，我們來考察國家的補貼對農村家庭借貸的影響。

此外，根據前面對居民借貸因素的一般性分析，農村家庭的收入（hh_income）、房產價值（house）、金融資產價值（finance）也會影響居民的融資需求。對於農村家庭來講，自建住房通常會是相當大的一筆支出，在當前流動性約束的情況下，家庭通常會選擇借貸。金融資產通常具有較好的流動性，家庭融資的第一來源肯定是內部自有資金，當自有資金能夠滿足其需求的情況下，家庭就不傾向於向外進行借貸。

由於農村具有一定程度的封閉性，在社會模式上屬於熟人社會，人與人之間的交往是一種互惠行為。隨著市場經濟的深入發展，農村的人情往來也更多地以金錢的形式來進行，表現在婚喪嫁娶等儀式性活動的「隨禮」上。從社會網路視角來看，居民的社會資本越多，就越有可能獲得相應的借貸。

在衡量居民的人情往來中，我們採用兩個指標：一個是戶主兄弟姐妹的數量（number），家庭選擇借貸時，兄弟姐妹作為嫡親會有更大的可能性來借出資金，因此會成為借貸的首要選擇；另一個是人情支的貨幣總額，我們把家庭去年獲得的轉移性收入和支出（包括各種禮金和其他實物幫助）加總求和，作為社會互動（interaction）的指標。

表 5-5 報告了我們對農村家庭融資行為的實證結果。從表 5-5 中可以看出，耕種面積對借貸的總額的影響並不顯著，且呈現負相關的關係。在當前農村居民收入來源逐漸從農業轉向非農業項目的大背景下，土地的耕種面積並不是一個關鍵的變量，同時由於當前農業生產朝著集約化機械生產的趨勢邁進，那些繼續耕種土地的農村家庭通常具有更雄厚的財力，在一次性投入機械等固定資產後，農業生產的收益和成本將保持在一個穩定的水平上。對於農業投入的成本來講，投入越多，發生借貸的可能性也就越大。

表 5-5　　　　　　　　　農村家庭融資行為估計結果

| 被解釋變量 | | debt (tobit) | debt (tobit) |
|---|---|---|---|
| 解釋變量 | land | −10.330,89 (−0.45) | −10.418,81 (−0.45) |
| | cost | 0.209,268,6* (1.67) | 0.182,392,2 (1.45) |
| | fund | 1.355,117 (0.53) | 1.035,936 (0.40) |
| | consumption | 0.703,911,3*** (6.15) | 0.667,419*** (5.80) |
| | house | 0.017,701,7*** (2.92) | 0.016,699,9*** (2.76) |
| | finance | −0.157,583,8*** (−2.71) | −0.176,192,6*** (−3.00) |
| | hh_income | 0.044,997,4* (1.73) | 0.035,656,3 (1.35) |
| | number | 1,023.519 (1.13) | |
| | interaction | | 0.537,829,8*** (2.87) |

備註：（1）***、**、*分別為1%、5%和10%顯著水平下有意義。

（2）Probit 迴歸括號內為 z 值，Tobit 迴歸括號內為 t 值。

（3）Land 為耕種面積，cost 為農業生產經營的總成本，fund 為國家財政補貼的金額，consumption 為家庭的消費金額，number 為兄弟姐妹的數量，interaction 為社會互動的指標。

政府補貼對家庭借貸的影響不顯著。農村居民的消費額和房屋價值與發生的借貸數量顯著相關，當居民當前的資金不足以彌補消費和建造房屋成本的時候，居民家庭通常會選擇借貸的方式來獲得資金支持。由於金融資產具有很強的流動性，能夠快速變現彌補資金的缺口，所以家庭金融資產的存量越多，居民就越不傾向於借貸，自融資是居民滿足當前資金需要的首要選擇。

同時我們比較兩列迴歸結果發現，兄弟姐妹的數量這一指標的迴歸結果的係數為正，但不相關；居民的社會交往會對居民借貸有顯著的影響，由於農村居民的借貸通常發生在熟人之間，當居民有借貸需求的時候，由於和這些熟人保持著良好的互動，因此容易獲得借貸的資金。

通過上述分析，我們發現農村居民的融資模式表現出與城鎮居民較大的差異。這些差異的來源一方面是因為收入的來源方式的不同，農村居民的收入仍

然有相當一部分來自務農所得，因此在農業上投入的資金會影響居民的借貸需求；另一方面當前農村鄉土社會正處在一個轉型的時期，儘管如此，熟人間的互動的頻率和質量仍然顯著影響著農村家庭借貸需求的滿足程度。

　　為滿足農村居民的借貸需求，政府應該因地制宜地發展農村金融體系。具體來講，農村地區的金融信貸供給應該充分考慮地區發展水平的差異。在較落後的地區，農村家庭的借貸通常集中在親朋好友之間，這類地區應該以發展互助性金融機構為主。這些互助性金融機構由農民和農村小企業自願入股組成，是為成員提供存款、貸款、結算等業務的社區互助性銀行業金融機構。為鼓勵互助性金融機構的發展，國家應該適當放寬互助性金融機構的利率限制，增強其吸納存款的能力；同時牽線搭橋使其與其他銀行業金融機構合作，解決資金不足的問題。而在經濟發展水平較高的地區，農戶的投資意識較強，其首先考慮的是借貸的成本以及能否獲得相應的借貸資金，這些地區的信貸供給應該以村鎮銀行、農村信用合作社等機構為主。

## 5.5　小結

　　本章在之前考察完中國家庭金融的資產配置方面的情況後，進一步考察了家庭的負債狀況。本章首先考察了中國家庭負債的總體情況，總體來看，當前中國家庭負債無論從比例上還是金額上來看，負債最多的形式都是房地產類的負債。這反應出中國社會的文化背景特徵，即在相對保守的社會，家庭仍然願意通過負債的方式來相對更快地獲得房產資產，這符合中國家庭的文化價值觀傳統。

　　之後，本書對影響中國家庭負債的因素進行了實證分析。分析結果表明，在人口統計學因素、房產金融資產指標以及風險態度等很多方面得到了與以往的結果相同的結論，但本書進一步發現家庭對未來的預期會顯著影響家庭對於其負債的選擇。

　　接下來，由於考慮到中國特殊的二元經濟結構的國情，本書對城鎮家庭和農村家庭的負債情況分別進行了實證分析。對城鎮家庭的分析，我們重點考察了城鎮家庭在住房方面負債融資的情況。研究發現，在目前的經濟情況和住房供應情況下，中國家庭對住房資產存在超配現象，即很多家庭過多地擁有了超過使用需求的住房，或者說不少家庭出於投機的目的持有了超過其實際使用需要的住房，而同時也確實還有一部分家庭沒有得到基本的住房滿足。國家應該根據這一情況有針對性地制定住房調控政策，繼續控制投機性住房購買需求，

滿足以家庭居住為目的的基本的住房需求。

在對農村家庭的負債的研究方面，我們根據目前中國農村社會的實際情況考察了農村家庭的負債的特點，發現政府補貼對農村家庭的借貸情況的影響不大，而消費和建造房屋對農村家庭的負債情況影響比較大。另外由於農村地區缺少金融機構等原因的影響，農村家庭的負債方式與城市家庭不同，更多地採取向親友等社會關係借貸的方式，而這種特點也從另一個方面表明，政府應該在農村地區根據農村家庭的需求，設立更適合於農村地區情況的互助性金融機構，從而更方便地滿足農村地區家庭的金融需求。

接下來，在對家庭的資產配置情況、負債選擇情況進行分析研究後，我們將進一步分析中國家庭金融的保障選擇方面的情況。

# 6 中國家庭金融中的居民保險保障分析

對家庭金融的研究，不僅包括家庭對實物和金融資產的配置、借貸和消費，而且家庭需要考慮對投資及借貸風險進行什麼樣的風險控製。風險控製既包括家庭出於預防性需求，規避各類風險進行的多樣化的資產配置方式，通過分散化地配置資產來降低整體風險，降低家庭在證券投資、養老、意外傷害等方面面臨的風險，減少家庭預期下的不確定性，保證家庭生活秩序的穩定安寧；也包括家庭採取何種社會保險、商業保險等直接的保險保障方式。

家庭對於風險的防控既是對生命財產的防控，也是對投資行為、消費行為的風險防控。在具體的金融風險方面，當前家庭面臨的兩種最典型的金融風險就是民間借貸的風險和金融投資的風險。識別出這些風險，並在資產配置上進行適當的跟進，對於家庭具有重要的意義。

## 6.1 家庭風險的識別與控製

### 6.1.1 家庭風險的類別

家庭是社會活動的基本單位，現代家庭的風險可以分為人身風險、投資風險、財產（實物資產）風險、責任風險等。這些風險有些是家庭可以通過適當措施減小或者消除的，比如投資風險，家庭可以通過分散化投資的方式，降低投資組合的非系統性風險；而有些則是家庭面臨的難以消除的不確定性，比如丟失財物導致的財產損失等。

具體來講，人身風險是指由於人的生理生長規律及各種災害事故的發生導致的人的生、老、病、死、殘的風險。人生的過程離不開生、老、病、死，部分人還會遭遇殘疾。這些風險一旦發生，可能給本人、家庭或者其撫養者等造成難以預料的經濟困難乃至精神痛苦等。人身風險所導致的損害包括損失和傷

害,即人的生、老、病、死、殘引起的收入損失或額外費用損失,或災害事故的發生導致的人的身體的傷害。

投資風險則是家庭在進行交易性金融資產投資的時候面臨損失的不確定性。證券市場的走勢一方面受宏觀經濟的影響,另一方面也受公司基本面的影響,這些因素的影響都使得證券價格沿著不確定的方向波動。

財產風險是家庭財產遭受損失的不確定性,現代家庭的財產主要有房屋、家具、家用電器、車輛以及其他貴重物品。一般來說,家庭擁有的財產價值越大,遭受的損失的風險也越大,一旦遭受損失,損失的價值也越大。火災、爆炸、雷擊、洪水等事故,可能引起財產的直接損失及相關的利益損失。財產風險既包括財產的直接損失風險,又包括財產的間接損失風險。

責任風險是指家庭成員因疏忽、過失造成他人的人身傷害或財產損失,而因此負有經濟賠償責任。比如,駕駛汽車不慎撞傷行人,構成車主的第三者責任風險;專業技術人員的疏忽、過失造成第三者的財產損失或人身傷亡,構成職業責任風險等。責任風險較為複雜和難以控制,其發生的賠償金額也可能是巨大的。

下面根據當下家庭在金融投融資方面面對的一些常見的風險進行具體分析。

### 6.1.2 家庭參與民間借貸面臨的風險

民間借貸是近兩年來學術界與實務界都比較關注的話題,由於銀行放貸規模的收縮,很多中小企業難以獲得相應的貸款資金,利差驅使包括房地產抵押貸款在內的各類資金進入民間借貸領域,同時其他民間資金也大量湧入。現有文獻主要是從法律規範的角度來考量這一問題,家庭作為借貸活動的重要參與主體,家庭的負債可以從一定程度上反應民間借貸的情況。我們使用 CHFS 的數據對家庭的三類主要負債(農、工商業負債,房產負債,教育負債)進行簡單的刻畫,表 6-1 反應了所有參與民間借貸的家庭中需要「有明確償還期限」和「支付利息」家庭的比例。通常情況下,家庭從親朋好友處獲得相應資金,是不需要支付利息的,只有從民間金融組織等處才需要約定相應的償還期限,並支付一定的利息。

表 6-1　　　　　　　　**民間借貸的類型及付息情況**　　　　　　單位:%

|  | 有明確償還期限 | 支付利息 |
| --- | --- | --- |
| 農、工商業負債 | 15.86 | 10.54 |
| 房產負債 | 8.79 | 4.21 |
| 教育負債 | — | 4.56 |

數據來源:CHFS。

從表 6-1 我們可以看到，家庭自營農、工商業的負債中，有 15.86% 的家庭需要和借款方約定明確的償還期限，同時有 10.54% 的家庭需要支付利息。在房產負債中，該比例有所降低，分別為 8.79% 和 4.21%。同時我們看到在教育負債中，有 4.56% 的家庭需要因子女的教育支出而支付相應的利息。

我們可以看到，不同於之前研究所體現的居民家庭整體負債情況的概念下，家庭的房產負債的比例占所有負債比例最高的情況，民間借貸這裡的數據反應的情況是在非正式的民間借貸中，居民家庭自營的工商業參與民間借貸的深度和廣度最大，同時相應也承受著較大的風險。它像一把雙刃劍，一方面有助於幫助企業解決眼下的資金困境，另一方面如果這些自營工商業的正常利潤率達不到借貸的利率，就可能加速企業的倒閉，給企業帶來沉重的負擔。這其中也包含著非法集資，集資人承諾超出銀行利息數倍的高額回報，一些家庭冒險參與進去，也有一些所謂的資金掮客低息吸收資金，然後高息轉借給別人，並從中賺取利差。這些非法集資活動擾亂了社會秩序，嚴重破壞了社會的金融生態環境，使家庭暴露在嚴重的金融風險之下。

為了規避這類風險，家庭必須增強法治觀念。作為放款人，家庭須謹慎選擇貸款對象。在貸款對象的選擇上，家庭一定要選擇那些信譽良好且有還款保證的個人或者企業。其次，要完善貸款手續，在放貸形式上，盡可能避免採用口頭協議的方式，而要簽署書面的債權債務憑證，明確標明借款利率、期限等，或要求借款人提供有法律依據的信用保障，比如第三方擔保、認定等。而作為資金需求的一方來講，盡量從正規金融渠道獲得貸款，包括小額貸款公司、村鎮銀行等。在貸款利率的選擇上，遵照國家的相關規定，即民間借貸利率不得高於銀行同類貸款基準利率的 4 倍。在資金的拆借和拆放上，家庭應該明確資金流向，以確保資金使用的風險在可控的範圍之內。

### 6.1.3 家庭房產投資面臨的風險

根據 CHFS 的數據，有超過 15% 的家庭擁有房屋的套數多於一套，具體來說有 13.73% 的家庭擁有住房的套數為兩套，1.58% 的家庭擁有住房的套數為三套。正如前面章節所提到的，居民對未來通貨膨脹以及房價上漲的預期會導致當前住房的超配，從而使得購買二套房甚至更多套房的家庭比例不斷攀升。但是家庭應該意識到房產投資風險，房產投資流動性差，一次性投資額大，同時還面臨一些經濟和政策風險。由於房價和經濟景氣程度表現出很強的相關性，當經濟處於衰退的時候，房地產價值的下降速度更快，因而家庭在房地產投資時應該保持足夠的謹慎，不盲目增加住房資產在家庭資產中的比例。

### 6.1.4 家庭面對的其他投融資風險

家庭風險管理是指家庭在認識到風險的前提下,採取必要的手段控製這些潛在的不確定性,以實現對家庭最大的安全保障。

對於投資風險來講,家庭在資產配置中應該考量當前證券的收益和風險,切忌盲目進場。此外,在流動性約束的情況下,應該充分分散家庭資產的配置比例,以期實現收益和風險的平衡。圖6-1報告了中國家庭參與股票市場投資的盈虧狀況。

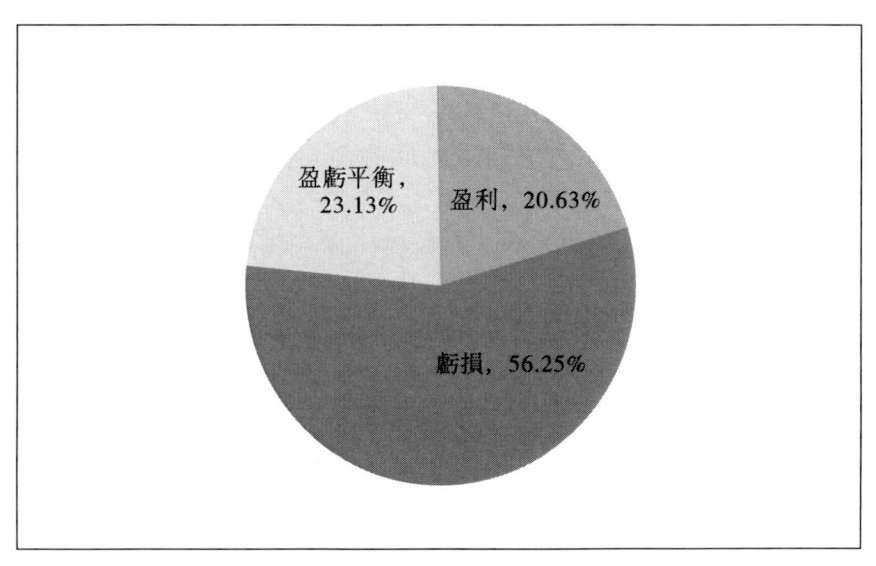

圖6-1 中國家庭參與股票市場投資的盈虧狀況

數據來源:CHFS。

我們可以看到只有20.63%的家庭是盈利的,高達56.25%的家庭是虧損的。股票市場的高風險特徵,再加上中國證券市場機制設計的不完善、上市公司整體質量盈利能力分紅意識等問題,使得中國的股票市場缺乏比較好的財富效應。因而對大多數家庭來講,把相當份額的資產配置到股票上,目前來看確實也不是一個好的選擇。另外,對於那些已經開立股票帳戶,但是目前並未持有任何股票的家庭,CHFS的數據也給出了相應的原因。55.56%的家庭因為行情不好,主動規避相應風險,當前階段不參與股票市場的操作。而6.06%的家庭會選擇股票產品的替代品,比如投資基金。在股票市場不景氣的情況下,債券市場通常會活躍一些,因此參與投資貨幣基金、債券基金不失為當前家庭參與投資比較好的替代選擇。

對於其他類別的風險（人身風險、財產風險等），家庭可以通過風險轉移的方式實現風險的規避。風險轉移的方式主要包括購買商業保險、參與社會養老保險等。這種方式是通過犧牲一部分當期消費，而把其配置成保險產品。而保險產品則作為一種分攤風險的財務安排。

## 6.2 中國家庭參與社會保障的現狀

CHFS 詳細報告了家庭在社會保障方面的數據，包含了社會養老保險、企業年金、醫療保險、失業保險、住房公積金等。在當前的社會保障體制下，事業單位的工作人員在退休後可以獲得退休（離休）工資，企業單位的工作人員則可以獲得社會養老保險金。同時企業在國家政策的指導下，根據自身實際情況，為本企業職工建立企業年金，企業和職工個人共同繳納企業年金。農村居民可以參加新型農村社會養老保險，通過繳納一定資金，滿足未來的養老需求。此外住房公積金和醫療保險均由職工和企業共同繳納，以滿足預期的購房、就醫需求。圖 6-2 展示了城鎮居民社會保障帳戶的餘額比例。

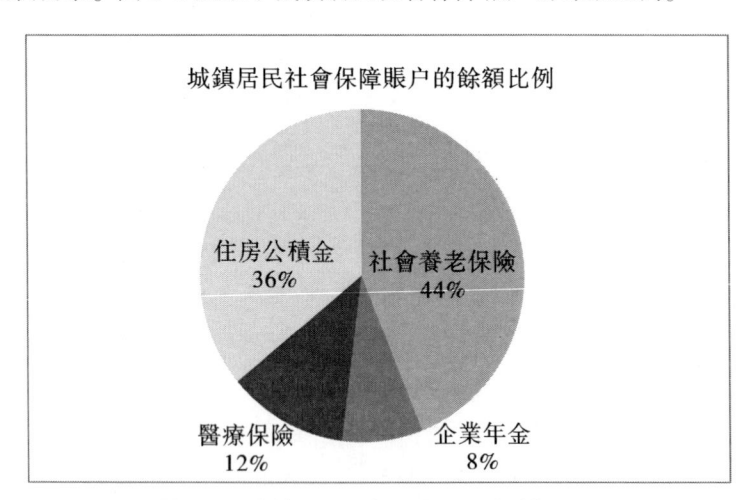

**圖 6-2　城鎮居民社會保障帳戶的餘額比例**
數據來源：CHFS。

從圖 6-2 中可以看到，社會養老保險占比最高，高達 44%，養老是每個人都不得不給予重視的一個環節；其次是住房公積金，占比為 36%，利用公積金購買住房或者改善居住條件對於有購房需求的年輕人來說具有重要意義；醫療保險和企業年金緊隨其後，分別占比 12% 和 8%。

社會保障對於居民家庭風險的防控以及家庭金融狀況具有重要的影響。社會保障可以減少家庭未來的不確定性，減弱家庭的預防性儲蓄的動機。因而社會保障能夠影響家庭當前的消費。與理論上的不確定性相同，實證研究對養老金對家庭儲蓄的影響也沒有給出明確的答覆。但何立新等（2008）[①] 的研究表明：戶主年齡在35~49歲的家庭，養老金財富會顯著影響家庭的儲蓄率。由於這一年齡層的戶主在社會上具有主導地位，所以在某種程度上亦可將他們家庭儲蓄率的變化視作受社會保險改革的結果（雖然不排除其他影響因素）。社會保障一定程度上可以應對老年貧困，數據顯示，中國老年貧困人口總規模接近1,800萬，老年貧困發生率超過10%。貧困，給老年人的家庭生活帶來了諸多負面影響。老年人的營養攝入、身體健康、日常照顧、住宿條件、家庭和諧等方面都因貧困的制約而大打折扣。從平滑生命週期的收入狀況的角度來看，養老保險可以較好地應對老年貧困問題。

### 6.2.1 社會養老保險及企業年金

在當前的中國社會保障體制中，社會養老保險仍然是在從傳統的雙軌制，向新製度轉變的過程中，一方面，傳統企業的職工需要繳納社會保險費，其企業也為職工繳納其中一部分的社會保險費；另一方面，機關事業單位職工則由完全不用繳納養老保險費，退休後職工的退休金由國家財政給付轉為職工及單位共同繳納。在CHFS的數據中，家庭的養老方式可以有社會養老保險、退休（離休）工資、兩者都沒有。我們核算一下各種方式的比例：

圖6-3反應了33.77%的居民依靠社會養老保險進行養老，21.65%的居民依賴退休（離休）的工資。如此高的比例增加了國家財政的支出。當前公職人員採取退休制，部分企業職工參加職工基本養老保險，且兩者的退休待遇差別很大。同時44.58%的居民在退休後沒有任何保障，特別是以農民工為主體的近一半企業職工不參加職工基本養老保險，大量農民工曾有繳費記錄卻無法享受職工養老保險待遇。

社會保障對於家庭來講具有重要意義，隨著家庭規模越來越小，獨生子女在進入婚姻以後就需要擔負贍養四個老人的責任，對於他們個人來講壓力很大，因此社會保障提供的養老保障能緩解子女的負擔，保證老人退休後的生活質量不會大幅下降。

---

① 何立新，封進，佐藤宏. 養老保險改革對家庭儲蓄率的影響：中國的經驗證據[J]. 經濟研究，2008（10）：117-130.

图 6-3　家庭養老方式

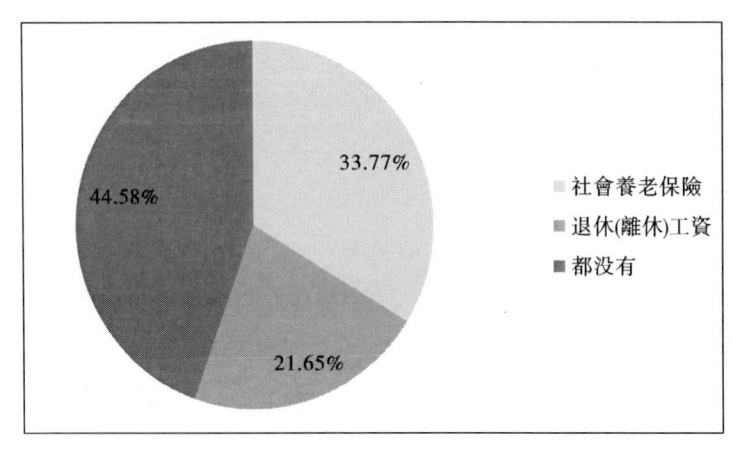

數據來源：CHFS。

### 6.2.2　醫療保險

醫療保險是為了補償疾病所帶來的醫療費用，即職工因疾病、負傷時，由社會或企業提供必要的醫療服務或者物質幫助。現有研究表明，醫療保險對參保家庭的日常生活及其他消費的影響最大，進而通過消費的傳導機制也對家庭各類金融資產的配置產生相應的影響。

隨著醫療保險製度的改革，其覆蓋面進一步擴大。CHFS 的數據表明，89.55%的居民具有社會醫療保險，表 6-2 報告了各類醫療保險的占比。

表 6-2　　　　　　各類醫療保險占比　　　　　　單位：%

| | |
|---|---|
| 新型農村合作醫療保險 | 54.92 |
| 城鎮職工基本醫療保險 | 26.62 |
| 城鎮居民基本醫療保險 | 8.83 |
| 公費醫療 | 5.28 |
| 單位報銷 | 2.42 |
| 大病醫療統籌 | 1.22 |
| 其他 | 0.58 |
| 醫療救助 | 0.06 |
| 學生醫療保險 | 0.04 |
| 紅軍級離休幹部配偶或遺孀的醫療保險 | 0.04 |

數據來源：CHFS。

在國家快速推進農村合作醫療的背景下，截至2010年基本上實現了農村居民醫療保險的全覆蓋，表6-2也反應了54.92%的居民當前持有的是新型農村合作醫療保險。但是當前的新型農村合作醫療保險存在社會滿意度低、保障水平低等一系列問題，大部分參保者的費用都是門診費用，對於那些外出務工的農村居民來講，尤其是回戶籍地報銷相關醫療費用的規定，從來回成本、誤工等因素考慮，多數人選擇不報銷，由此在一定程度上降低了農村居民的參保意願。

針對各類醫療保險保障水平和繳費的差異，國家應該在確保公平的前提下，切實提高低收入群體的保障力度和深度。保障水平的提高會減少居民預期的不確定性，降低預防性儲蓄，如果想通過拉動內需的方式來保持經濟的高速增長的話，國家應該繼續積極地增加對社會保障體系建設的投入。

## 6.3 家庭商業保險參與決策研究

商業保險是對社會保障的一個重要補充，家庭通過犧牲一部分當前消費來減少未來的不確定性。多數情況下家庭參與保險（包括商業保險）是一種自發行為，國內學術界對此從多個角度探究。鄧大鬆、石靜、胡宏偉（2009）[①]通過對農戶參與農村基本養老保險和合作醫療保險的決策行為發現家庭資產顯著影響個人健康、參合選擇和參合決策，財富越多的家庭，個人的健康狀況可能越好，參合比例越高，繼續參與農村合作醫療的意願也就越高。何興強、李濤（2009）採用2004年廣東省居民調查數據，從社會互動和社會資本的角度解釋了居民的商業保險購買行為，其發現社會互動對居民的保險購買行為並沒有顯著影響，但是社會資本卻推動了居民的保險購買，而且高收入的居民在購買商業保險上表現得更加積極。

下面，我們利用CHFS的數據，並結合現有研究，通過模型實證分析的方法，研究中國家庭購買商業保險的行為，試圖揭示其背後的邏輯動因。

### 6.3.1 變量設定和計量模型建立

首先，我們建立線性概率模型，得到的形式如下：

$$y_i = \alpha + \beta x_i + u_i \tag{1}$$

---

① 鄧大鬆，石靜，胡宏偉. 農戶健康、保險決策與家庭資產規模——基於交互分析與二元邏輯斯蒂迴歸方法 [J]. 西北大學學報（哲學社會科學版），2009 (5)：139-147.

其中，$u_i$ 為誤差隨機項，$x_i$ 為定量解釋變量。$y_i$ 為二元選擇變量，在這裡是指家庭是否主動購買了商業保險。設：

$$y_i = \begin{cases} 1, & 家庭主動購買了商業保險 \\ 0, & 家庭沒有主動購買商業保險 \end{cases}$$

對 $y_i = \alpha + \beta x_i + u_i$ 兩邊取期望，

$$E(y_i) = \alpha + \beta x_i \tag{2}$$

因為 $y_i$ 只能取兩個值，0 和 1，所以 $y_i$ 服從兩點分布。我們把 $y_i$ 的分布記為：

$$\begin{cases} p(y_i = 1) = p_i \\ p(y_i = 0) = 1 - p_i \end{cases}$$

則：

$$E(y_i) = 1 * p_i + 0 * (1 - p_i) = p_i \tag{3}$$

由上述的（2）式和（3）式，我們可以得出：

$$p_i = \alpha + \beta x_i$$

當 $p_i = F(y_i) = F(\alpha + \beta x_i) = \frac{1}{\sqrt{2\pi}} \int_{-\infty}^{y_i} e^{-\frac{t^2}{2}} dt$，此時 $F(y_i)$ 表示正態分布的累計概率密度函數。這時候我們稱其為 Probit 模型。

而當 $p_i = F(y_i) = F(\alpha + \beta x_i) = \frac{1}{1 + e^{-y_i}} = \frac{1}{1 + e^{-(\alpha + \beta x_i)}}$，此時 $F(y_i)$ 表示 logistic 累積概率密度函數。這時候我們稱其為 Logit 模型。兩個模型均通過最大似然估計估算相關參數，從而幫助我們分析評價各個因素對家庭購買商業保險行為的影響。

我們利用 CHFS 提供的個體數據，個體數據記錄了個體是否擁有商業保險，這些商業保險包括商業人壽保險、商業健康保險、商業養老保險、商業財產保險（汽車保險除外）和其他商業保險。然後我們把個體以家庭為單位進行合併，只要家庭當中的其中一個個體購買了保險，我們就記錄為該家庭持有商業保險。如果家庭當前持有商業保險（com_ insurance），我們記為 1，否則記為 0。由於中國很多單位把為職工購買保險作為一種福利，為了準確度量家庭自發購買保險的行為，我們在後期的分析中刪減了單位作為主體購買的保險。為了考察家庭成員出於保護自身動機進行保險決策的行為，我們把持有人身保險（per_ insurance，包括商業人壽保險、商業健康保險、商業養老保險）的家庭記為 1，否則記為 0。為了考察商業保險和社會保障之間是否具有替代效應，我們也定義了家庭社會保障（social_ insurance）虛擬變量，只要家庭成

員的任一人持有社會養老保險及企業年金、醫療保險、失業保險、住房公積金等，我們就記為1，否則記為0。

為了考察家庭金融資產配置結構對保險購買行為的影響，我們分別使用風險性資產占比（風險性資產/總金融資產，其中風險性資產包括股票、衍生品、基金、銀行理財產品等）、股票資產占比作為主要的解釋變量。針對前述關於社會互動對居民購買保險的研究，我們利用CHFS的數據，可以核算出家庭在過去一年人際交往的收入和支出，即轉移性收入和支出。這裡的支出和收入形式不單單包括現金資助，也包括非現金的實物幫助等，主要是春節、中秋節等節假日收支、紅白喜事（包括做壽、慶生等）以及其他形式的人情收支。我們用人情收支的總量作為社會互動（interaction）的指標，同時根據居民購買保險行為的傳統解釋，構造相應的解釋指標。居民的財富水平使用經過插值處理後的家庭收入（hh_income）來代表。居民的受教育程度（education）從1記到9，分為以下幾檔：沒上過學、小學、初中、高中、中專/職高、大專/高職、大學本科、碩士研究生、博士研究生。我們同時關注居民健康狀況（health）對家庭保險決策的影響，在CHFS的問卷當中，把家庭成員的身體狀況分為五類：非常好、好、一般、差、非常差，分別被記錄為1到5。在一個家庭內，簡單採用戶主的身體狀況進行衡量可能會造成變量的設定誤差，為此我們採用家庭所有成員裡面報告身體狀況最差的家庭成員，作為家庭整體健康狀況的度量。問卷當中問到如果被訪戶有一筆資產，將如何選擇這些投資項目。這些投資項目被分為了五類：高風險、高回報的項目，略高風險、略高回報的項目，平均風險、平均回報的項目，略低風險、略低回報的項目，不願意承擔任何風險。為簡化處理，我們把那些願意投資風險和回報均略高或者高的項目的家庭，稱為風險容忍度高的家庭，其他家庭則為風險容忍度低或者一般，我們在此不做區別。

由此，風險態度（IP）是一個虛擬變量，1表示風險容忍度高，0表示風險容忍度低或者一般。戶主的婚姻狀況（M）也是一個虛擬變量，1表示已婚，0表示未婚。我們用家庭人口的數量來表示家庭規模（household size）。

### 6.3.2 實證結果分析

在實證分析中，我們分別使用了Probit和Logit模型，分別考察各類因素對家庭購買保險決策的影響。具體見表6-3。

表 6-3　　　　　　　　　　　計量迴歸結果

| 被解釋變量 | | com_ insurance (logit) | per_ insurance (logit) | com_ insurance (probit) | per_ insurance (probit) |
|---|---|---|---|---|---|
| 主要解釋變量 | social_ insurance | 0.569,524,4** (2.21) | 0.562,390,9** (2.07) | 0.292,116,2** (2.30) | 0.278,452,6** (2.13) |
| | hh_ income | 1.14e-06*** (2.77) | 1.16e-06*** (2.82) | 6.98e-07*** (3.18) | 7.16e-07*** (3.24) |
| | interaction | 6.72e-06** (2.32) | 5.97e-06** (2.00) | 4.04e-06** (2.47) | 3.63e-06** (2.15) |
| | riskfinnacew | 4.467,211** (2.28) | 3.830,05* (1.94) | 2.700,16** (2.47) | 2.335,312** (2.07) |
| 控制變量 | age | -0.228,080,1*** (-3.06) | -0.211,391,2*** (-2.70) | -0.119,956,8*** (-3.11) | -0.109,189*** (-2.75) |
| | education | 0.302,076,8*** (5.38) | 0.297,294,1*** (5.07) | 0.159,495,5*** (5.30) | 0.155,241,3*** (5.01) |
| | health | -0.116,178,3** (-1.97) | -0.110,451,8* (-1.79) | -0.059,712,4** (-1.98) | -0.056,279,7* (-1.81) |
| | IP | -0.036,265,6 (-0.22) | -0.040,168,6 (-0.23) | -0.014,342,1 (-0.17) | -0.017,865,7 (-0.20) |
| | M | 0.321,839,6 (1.38) | 0.342,675,7 (1.40) | 0.161,055,8 (1.40) | 0.165,464,2 (1.39) |
| | household size | 0.042,676 (1.18) | 0.037,540,9 (0.99) | 0.019,723,3 (1.06) | 0.017,459,2 (0.91) |
| | Pseudo $R^2$ | 0.049,5 | 0.045,6 | 0.052,2 | 0.048,4 |

註：(1) ***、**、*分別為1%、5%和10%顯著水平下有意義。

(2) 括號內為Z值。

(3) com_ insurance 表示是否持有商業保險，per_ insurance 表示是否持有人身表現，IP 為風險厭惡程度，M 為婚姻狀況。

從表6-3的迴歸結果我們可以看出，四個迴歸模型都比較好地通過了異方差、方程顯著性等基本的計量經濟學檢驗。進一步分析，我們可以得出如下結論：

（1）在四個模型中，家庭收入（hh_ income）均明顯通過了Z值檢驗。這說明，家庭收入是目前影響城鎮居民購買商業保險的重要因素，所以隨著居民收入的進一步增加，購買商業保險的行為也會變得更加普遍。

（2）為了考察社會保險和商業保險是否具有替代效應，即通常情況下社會保障是外生給定的，如果替代效應存在的話，那麼擁有社會保險的家庭應該更不傾向於購買商業保險。但是我們的實證結果否定了這一判斷，並且迴歸係數為正，說明擁有社會保險的家庭更傾向於購買商業保險。

（3）由於瞭解和購買商業保險的渠道多通過親朋好友介紹推薦，因此我

們直覺上判斷一個家庭和外界的互動更多，也就更傾向於購買商業保險。四個模型的迴歸結果均顯著，表明家庭的社會互動增多，將增加購買保險的概率。

（4）家庭風險資產占比越高，家庭就越傾向於購買商業保險。當被解釋變量換成人身保險之後，迴歸結果仍顯著，但小於之前的顯著水平。一個家庭在考量風險資產的時候，不但從資產的多樣性上進行考慮，而且也從這些資產風險對自身的實際影響上考慮，購買商業保險能減少這種不確定性。

（5）在控制變量上，我們可以發現年齡越大和身體狀況越差的家庭，越不傾向於購買商業保險。這可能有兩方面原因：一方面商業保險本身的限制，比如商業健康保險的目標人群是目前身體狀況良好的年輕人；另一方面是年齡越大和身體狀況越差，其支付能力越差，同時支付意願越低。

（6）學歷越高越傾向於購買商業保險。由於文化程度的提高，對待風險的認識也不斷增進，因此會採用購買商業保險的方式來減少未來的不確定性。

上述四個模型中 $Pseudo\ R^2$ 的值都不夠大，進一步表明，影響城鎮家庭購買商業保險的因素比較複雜，本書所選變量並不能對城鎮家庭購買保險行為給出全面的解釋，還有諸多因素需要進一步挖掘和研究。

通過對上述模型的探究，我們發現了影響家庭購買商業保險的若干因素，在當前政府推進商業保險的趨勢下，應該採取有力措施增加居民家庭對商業保險的購買行為。從長期來看，通過促進教育增加家庭的人力資本累積，通過調整分配政策增加居民收入都會增加居民購買商業保險的概率。居民購買商業保險是一種自發的商業行為，只有充分依靠和借助市場的力量，才能在滿足家庭避險需求的前提下，實現保險業的全面發展。

商業保險是社會保險的有益補充，兩者都是社會風險化解機制。另外，對於家庭來講，保險理財也是一種比較好的理財方式。首先，保險公司通過設計各種產品，為家庭提供了各種各樣的選擇。保險產品在投資功能方面，可以規避通貨膨脹和利率的風險，同時也具備一定的保值增值的功能。分散投資已成為家庭理財的共識，家庭在選擇股票、債券和房地產等投資方式時，很容易受到通脹和利率波動的影響，然而保險產品卻具有一定的穩定性，具有保障、投資和理財的功能，可幫助家庭應對市場變化。

其次，保險理財可以幫助家庭合理避稅，進而累積家庭財富。家庭繳納的「四險一金」（養老保險、醫療保險、失業保險、工傷保險及住房公積金）都是通過稅前進行抵扣的，儘管商業保險的抵稅政策我們國家並沒有專門的規定，但是國外的商業人壽保險是可以進行稅前扣除的。但是對於那些擁有自營工商業的家庭來講，對其工商業資產投保的財產保險、運輸保險等是可以稅前

扣除的，並且如果這些資產遭遇風險事故所獲得的保險賠償金，政府是不予徵收所得稅的。同時在當前中國進行稅制改革的大背景下，政府可能要開徵遺產稅，依照國際慣例，相當一部分國家對於那些具有風險保障性質的壽險，受益人獲取的保險金不開徵相應的遺產稅。所以說，通過購買保險可以在一定程度上享受國家的稅收優惠，幫助家庭累積財富。

商業保險尤其是長期壽險，可以為投保人提供短期融資的功能。比如保單抵押貸款，投保家庭因為臨時資金的需要可以用保單作為抵押，從保險公司獲得相應的貸款，且貸款利率較市場利率低，能夠很好地滿足家庭短期資金的需求。

對於家庭來講，在不同的生命週期階段應該選擇的險種也不同。在年輕時，可以選擇萬能壽險。在年老時，家庭應該避免高風險的投資工具，可以選擇年金保險，保險公司在一定固定時間內給予一定的金額，滿足家庭的日常開支。

家庭也應當結合自身的消費習慣和生活方式來選擇相應的保險。對於高收入家庭來講，家庭日常消費水平較高，倘若家庭收入的主要來源人不幸身故，就可能使家庭的生活質量大幅下降，所以對於此類家庭來講，應該選擇投保一定金額的壽險，以應對這種極端的局面。而對中低收入家庭來講，重大疾病保險則是一個比較好的選擇。總之，商業保險為我們提供了一種保障自身財富和經濟利益的方式。

## 6.4 中國社會保障和商業保險的發展與未來趨勢

中國將步入老齡化社會，未來 20 年，老年人口的比例將增加一倍，達到 20% 左右，高齡老人的數目也將逐漸增大。人口老齡化是兩種力量共同作用的結果，一個是逐漸下降的人口出生率，另一個則是隨著醫療衛生條件的改善，老年人的平均壽命得到了延長。在當前老齡化的大背景下，還伴隨著家庭規模的小型化。由於現代生活節奏的加快，年輕人普遍推遲婚姻和生育的年齡，同時也更不傾向於生育。這兩個趨勢對家庭未來的養老和醫療等問題都構成了很大的挑戰。

人口老齡化的趨勢，使得社會保障的建設尤為必要。但是當前的社會保障存有一系列問題，首先是城鄉之間存有巨大差距，以養老金為例，中國老齡科學研究中心公布的《2010 年中國老年人口狀況追蹤調查》數據顯示，城鎮退休居民月均養老金為 1,527 元，而農村月均養老金只有 74 元。不僅農村居民

的保障水平偏低，而且也存有農村老人獨居、缺少照料等問題。其次是龐大的養老金缺口，由於人口老齡化等多種原因，養老保險的收支失衡問題將會加劇，如繼續執行原來的養老金政策，可能會導致當期養老金的支付大於當期的繳費，當缺口出現的時候，需要財政等外部資金的補貼。就當前的現狀來講，公共財政每年需要補貼3,000億元來彌補這一缺口。最後養老保險的第二支柱發育遲緩，大眾心理過度依賴基礎養老金。養老保險體系應該是多層次的，除了政府主導的基礎養老金之外，還應當大力發展政府引導的家庭自願參加的第二支柱，共同保障家庭成員在步入老年之後的生活水平。以企業年金為主導的第二支柱只占城鎮居民帳戶餘額的8%，遠遠低於社會養老保險餘額的44%，這反應了當前養老保險來源渠道的不足。同時在大眾心理層面，通常會強調養老保障的政府福利特性，過度強調其保障作用，導致對大眾養老保障的過度依賴。然而基礎養老金政府參與的程度越深，待遇水平越高，就意味著相應的稅負越高，這對養老保障事業和宏觀經濟都有不利的影響。

社會保險雙軌制也是迫切需要改革的一方面，企業退休職工領取的養老金大約相當於退休前的百分之四十甚至更低，而退休後的機關事業單位職工則可以領到退休前的百分之八十甚至九十。隨著社保標準的提高和改革的不斷推進，政府已開始同時推進事業單位和企業的社會保險製度改革，力求實現兩者的有效銜接，平穩過渡新老製度。

在商業保險和社會保障的協調上，政府應該採取一定的財稅政策，統籌商業保險和社會保障的協調發展，細化社會保障和商業保險在不同保障領域裡的分工，合理劃分基本保障和自願保障的範圍。以商業健康保險和社會基本醫療保障製度為例，商業健康保險未來的定位應該放在保障社會基本保障不保的診療項目、醫療機構、藥品和醫療服務設施、社會保險沒有覆蓋到的人群、超過社會醫療保險額度以外的部分。此外政府還可以採取一定的稅收優惠政策，鼓勵企業購買團體健康保險，以減少家庭在購買此類保險時的逆向選擇行為。

商業保險公司可以在數據、經驗等方面與社保機構，開展深入的合作，積極探索商業保險公司參與城鎮居民醫療保險、新型農村合作醫療保險管理和運作的模式。通過這樣的合作，可以發揮保險公司專業化的優勢，保證社保的規範化運作，而且還可以樹立保險業良好的形象，方便保險公司利用管理社會保障累積的數據資源和客戶資源，開發與城鎮居民保險、新型農作合作醫療保險對接的補充保險業務。

## 6.5 小結

家庭在安排好資產投資、負債優化結構等方面之後，採取合理的風險保障措施是家庭金融安排的另一個非常重要的環節。

本章首先探討了家庭面臨了哪些類型的風險，並重點探討了當下家庭面臨的比較熱點的金融風險。本書認為，目前不少家庭參與的民間借貸行為，由於其行為的非正規的特點，其整個流程沒有很好地受到正規監管機構的監督，總體上面對比較大的風險，建議家庭即使參與民間借貸也應該少量參與，不要把大比例的家庭財產以民間借貸的形式借出，並最好採取書面的形式落實具體借貸細節。

在房產投資方面，本書認為中國房地產市場今年最好的投資機會已經過去，房產投資雖然是一個比較好的保值方式，但由於國家宏觀調控、房產稅出抬等原因，家庭不適宜大量持有太多除基本自住需求外的投機性房地產，以減少相應資金占用後的其他投資機會喪失的機會成本，或避免房價可能階段性下跌帶來的損失。

在股票投資方面，本書認為由於中國股票市場目前仍然存在很多缺陷，從整個社會的角度看，普通家庭投資股票很難整體上獲利，所以現階段不建議普通家庭通過自己投資的方式大量配置股票資產，即使投資股票市場，建議普通家庭通過機構間接投資的方式參與。

接下來，本書通過 Logit 和 Probit 模型，實證分析研究了家庭參與保險投資決策的影響因素。分析認為，隨著家庭收入的提高，家庭會逐步增加對商業保險的參與力度，即使受到社會保障覆蓋的家庭，也不會影響其增加商業保險的投資力度。這是一個很好的現象，因為即使國家逐步提高了社會保障的覆蓋力度，配合一定的商業保險的進一步的保障，無論是對於家庭更好地控製其可能面臨的風險，還是從由於得到了更好的保障進而家庭敢於更多地消費從而推動經濟更加良好發展的角度來說，對於目前的中國家庭來說，增加商業保險的配置都是大有裨益的。

而且，從可以預見的未來來看，中國家庭的實際收入的增長是有一定的保障的，可以預計家庭會逐步增加對商業保險的配置力度，這也帶給商業保險公司一個非常好的發展機遇。

# 7 金融宏觀調控和家庭金融的相關性研究

狹義的金融宏觀調控是指以中央銀行為主體，以貨幣政策為核心，借助於各種金融工具影響貨幣供應量或信用量，以實現社會總需求和總供給的平衡。財政的英文含義為「public finance」，意為「公共金融」，因而我們約定廣義的金融宏觀調控既包括貨幣政策，同時也包括財政政策。財政政策和貨幣政策的協同配合，構成了金融宏觀調控的主要內容。此外，由於當前中國仍然是一個新興加轉軌的經濟體，金融市場的各項製度仍在建設和培育中，因此我們對金融宏觀調控的界定也包括各類金融改革發展政策（如資本市場建設等）。在本章中，我們重點考察了金融宏觀調控和家庭金融的相關性，在政策建議上，結合當前社會經濟的現狀，明確了金融宏觀調控下一步的方向。

## 7.1 金融宏觀調控政策的變遷對家庭金融的影響

中國的金融監管政策在過去的發展過程中一直著眼於市場化的改革，金融監管的邊界也逐漸清晰，監管調控的手段也從直接的政府干預過渡為以市場為主體的間接干預上。伴隨著這些政策的實施，金融市場的發展穩步推進，越來越多的金融產品開始成為家庭金融資產的一部分，同時政策對家庭金融資產配置的傳導機制也更加通暢。

### 7.1.1 貨幣政策和財政政策

在貨幣政策對家庭金融的影響上，貨幣政策會通過對貨幣供應量的改變，導致利率等其他變量的改變，從而改變市場上各類資產的相對收益率。這種收益率的改變又會影響投資者對未來收益的預期。在這個背景下，家庭兩大決策——消費儲蓄決策、資產配置決策都會發生相應的改變。我們考察貨幣政策對

家庭金融的影響主要是建立在貨幣政策對家庭金融決策影響的傳導機制上的。圖7-1反應了從1992年到2010年廣義貨幣供應量M2占國內生產總值（GDP）的比例，從圖7-1中，我們可以看到從1992年至今，M2/GDP的比例一直保持著穩步的增速，2003年到2008年，由於穩健從緊貨幣政策的實施，該比例大致保持穩定略有下降的態勢。而由於2008年的全球金融危機，政府採取適度寬鬆的貨幣政策，伴隨著四萬億的投資，M2/GDP的比例在2009年得到了大幅的攀升。在這個過程中，包括信託融資和地方債務平臺在內的影子銀行體系由於高槓桿率創造了大量的貨幣信用，流動性的泛濫導致了隨後的通貨膨脹率的大幅攀升，房地產市場和股票市場都因為流動性的增加，其收益率的上升得到了強勁的驅動。在多重因素的驅動下，家庭資產類別中風險性資產的比例開始增大，同時高通貨膨脹率的預期也驅動著家庭增加不動產的投資。

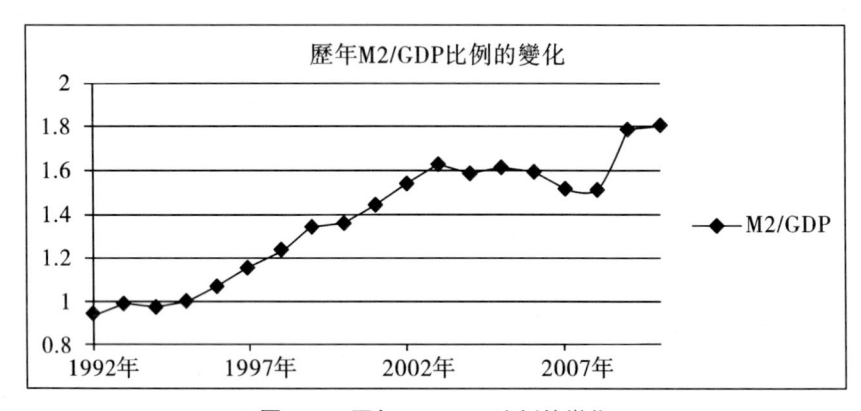

圖7-1 歷年M2/GDP比例的變化

數據來源：國家統計局。

在傳統的貨幣政策目標中，並不包含對資產價格的關注，但是歷史的經驗告訴我們貨幣政策對資產價格的影響是至關重要的，而資產價格又會影響家庭金融決策的各類行為。因而貨幣政策的目標應該是適時關注資產價格，防止資產泡沫的出現，從而給金融體系的穩定性帶來影響。

財政政策主要包括財政支出政策和財政稅收政策。在財政支出上，政府逐年加大了在民生方面的投入，包括了社會保障支出、科教文衛方面的支出等。這些財政支出改善了居民生產生活的現狀，社會保障廣度和力度的增大降低了居民對未來生活的不確定性，因而預防性儲蓄的動機得以減弱，增加了當期的消費，直接拉動了內需，促進了經濟的增長。但同時我們也看到，財政支出的另外一部分表現為基礎設施建設支出和對特定行業的補貼，各類穩增長的財政

政策拉大了行業之間的收入差距，轉移支付力度的不足使得全社會貧富差距的問題日益突顯。圖7-2反應了中國財政收入占GDP比例和財政支出占GDP比例的影響因素。從圖7-2中我們可以看到，兩者的變化趨勢基本上保持一致，這表明中國的財政收入和支出大致是平衡的，同時財政支出占GDP比例一直略大於財政收入占GDP的比例。

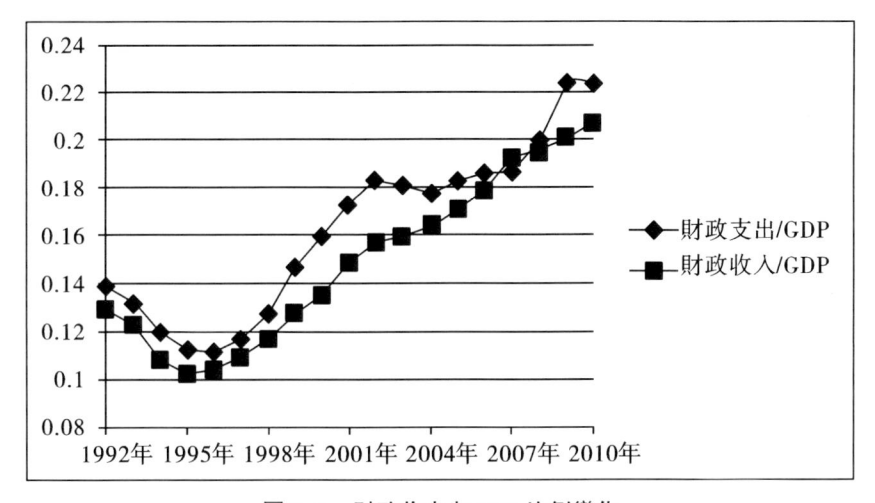

圖7-2 財政收支占GDP比例變化

數據來源：國家統計局。

### 7.1.2 金融體系的發展

政策的變遷也對應著金融體系的發展，通常對金融體系有兩種劃分：銀行主導型和市場主導型。前者以日本、德國為代表，後者以美國、英國為代表。銀行主導型是指在金融體系中銀行占據主要的位置，為企業經營提供融資和風險管理等方面的服務；市場主導型是指資本市場承擔銀行相當一部分的職能，資金通過金融市場得以有效配置，同時上市公司也需要披露自己的各種信息，完善公司治理結構，接受公開市場的監督。針對中國當前金融體系的走向，學術界存有較大爭議。鄒宏元等（2005）[1]結合中國的法律起源以及金融市場無效率的現狀，認為當前中國應該以發展銀行主導型的金融體系為導向。而範學俊（2006）[2]使用宏觀的季度數據去實證檢驗金融發展和經濟增長的動態關

---

[1] 鄒宏元，文博. 談中國金融體系的發展方向 [J]. 經濟體制改革，2005 (2)：142-144.
[2] 範學俊. 金融體系與經濟增長：來自中國的實證檢驗 [J]. 金融研究，2006 (3)：57-66.

係。結果表明，銀行部門和股票市場對經濟增長都有正的影響，但股票市場對經濟的影響要強於銀行部門對經濟的影響。林毅夫等（2009）[1]認為在經濟發展過程中的每個階段，都有與其最優產業結構相適應的最優金融結構；一個國家存在的政治、法律、文化等因素會制約或促進金融結構隨著實體經濟發展而演變的具體過程，但不會改變這種趨勢。而對於家庭金融資產結構和資本市場發展的關係，許榮等（2005）[2]認為資本市場發展與家庭金融資產結構變遷之間是螺旋式前進、相互推動和前進的關係，家庭部門的決策通過需求影響了資本市場的供給，而資本市場供給本身，又引致了家庭部門多樣化的金融資產需求。

金融市場和金融仲介作為兩種資金融通的方式，在服務實體經濟上表現出了不同的特點。發展中國家多以勞動密集型產業為主，技術層次較低，市場風險小。以銀行為主導的金融仲介在服務這類產業中扮演著重要角色。而發達國家多以技術、資本密集型產業為主，其需要新技術的研發和新市場的開拓，技術層次較高，市場風險大。金融市場更適合為這類創新產業提供融資支持。在當前中國不斷深化經濟轉型的背景下，產業結構將從勞動密集型向資本和技術密集型轉變，中國的金融結構也將隨著產業結構的轉型而進行相應的調整。

在金融市場的建設方面，中國的資本市場自20世紀90年代發展至今，已形成場內交易市場和場外交易市場的多層次資本市場體系。場內交易市場包括主板和創業板，場外交易市場包括全國中小企業股份轉讓系統（俗稱新三板）和區域性的股權交易市場。從金融產品供給的角度來看，多層次資本市場包括股票市場、債券市場、衍生品市場和併購市場。多層次市場的建設一方面為企業，尤其是中小企業，提供了更多融資的途徑；另一方面也為家庭提供了更多投資理財的渠道。當前的中國股票市場缺少財富效應，且市場投機氛圍濃厚，這很大程度上減少了家庭參與股票市場的熱情。可預見的是，隨著多層次資本市場的完善，市場信息披露將更加規範，價值發現功能趨於完善，公司的投資價值也將凸顯。同時融資的主體從傳統的國有企業向民營企業轉變，在這個過程中最利好的是服務業和新興產業，它們多是體量較小的民營企業，也是最有活力的經濟主體。根據中央改革「保持存量，改進增量」的思路，多層次資本市場的建設會更加注重市場主體對公司融資行為的規制，資本市場絕不僅僅

---

[1] 林毅夫，孫希芳，姜燁. 經濟發展中的最優金融結構理論初探［J］. 經濟研究，2009（8）：4-17.

[2] 許榮，毛宏靈，沈光郎. 資本市場發展與家庭金融資產結構變遷互動關係研究——對機構投資者發展的一個理論解釋［J］. 金融與經濟，2005（11）：3-5.

是個別公司的「提款機」，而應該是一個能夠幫助投資者獲得切實投資回報且具有良好流動性的交易市場，在這個過程中上市公司也能取得良好的經營業績。金融市場上金融產品主要的供給來源仍然來自資本市場，而多層次資本市場則是根據投資者和融資者不同的規模和特徵，滿足其對資本市場服務的不同需求而產生的。總的來說，金融市場建設的推進，豐富了家庭金融產品的供給，增加了家庭對市場參與的熱情，從而解決了家庭當前金融資產結構中風險比例偏低的問題。

銀行在家庭金融中仍然發揮著十分重要的作用，其作為金融仲介的角色近年來雖然被弱化，但是在匹配家庭資金的供給和需求方面仍然發揮著重要作用。同時銀行良好的行銷渠道建設有助於其他金融產品（基金、信託產品等）的銷售。未來相當一段時期內，中國仍將保持以銀行為主導的金融體系，同時多層次資本市場的建設也將快速推進。按照資產負債表，傳統的銀行業主要包括三塊業務：資產業務、負債業務和中間業務。負債業務主要是銀行吸收公眾存款，資產業務主要是發放信貸，而中間業務則獨立於資產負債表之外，主要包括支付結算業務。隨著利率市場化改革的深入，依靠資產和負債業務之間的利差盈利的銀行模式也將終結，中國的銀行業將朝向混業經營的方向邁進。混業經營對於商業銀行在利率市場化、金融脫媒的大趨勢下實現收入多元化具有重要意義。依託於商業銀行網點的便利性，混業經營的趨勢使得家庭有更便利的途徑去參與金融市場。銀行不單單局限於吸收存款、發放貸款，而且也廣泛開展基金、保險、信託等金融服務。在金融行業內部，銀行也將展開大規模的併購，人壽保險公司、基金公司、證券公司都將成為銀行併購的目標。銀行網點的密集佈局加上其他非銀行金融機構在產品設計上的經驗會增加家庭對金融市場參與的深度。在中國家庭的傳統觀念中，相對其他非銀行金融機構來講，銀行具有無可爭辯的公信力。在充分披露相關金融產品的風險收益特性的前提下，家庭更有可能去購買某種金融理財產品。當前銀行發售的理財產品，一般風險可控，同時也會提供比較高的回報，但是這類理財產品參與門檻較高，未來銀行推出更低參與門檻的理財產品也是一個發展的趨勢。

實證研究發現，大銀行傾向於給大企業發放貸款，而小銀行則傾向於給小企業發放貸款。在決定對企業是否發放貸款上，銀行通常會依賴於兩類信息：企業的財務報表等「硬」信息，企業管理者的經營才能、市場環境等「軟」信息。小銀行在獲取「軟」信息上具有得天獨厚的優勢，由於委託-代理問題的出現，大銀行的分支機構在獲取該類信息上激勵不足。同時銀行為了構建一個風險可控且分散的資產組合，小銀行不會輕易發放大筆貸款，因而小型金融

機構在未來的銀行業格局中也將佔有一席之地。在美國，資產規模在幾千萬到幾十億美元，以一個社區為目標，服務相對少的小金融機構營運得也相當好。學術界的研究表明：金融業的規模經濟是有限度的，在達到單位成本的最低點之前，小型銀行的規模不需要太大。達到最有效率規模的金融機構可以同其他大的金融機構相競爭，它們在給小微企業和家庭發放貸款方面更有優勢，而且往往更瞭解客戶的情況。

當前，村鎮銀行的發展如火如荼，其模式和美國的社區銀行有類似之處。市場分割的存在使得各種類型的金融機構都能在競爭中建立自己的發展優勢。對於傳統的農村金融體系來講，農村一直都是資金的淨供給者，只有小部分的貸款被用於農業及相關產業的經營上，因此農戶正常的融資需求一直未能通過正規的銀行等金融機構來滿足。而村鎮銀行的設立則能夠緩解農村居民獲得金融服務不足的問題，也能夠實現農村資金的內部循環，推動農村金融體系的良性運轉。

小微銀行和村鎮銀行的發展填補了傳統銀行的市場空白，為家庭提供了更多獲取金融服務的機會。銀行業的進一步發展也將帶動家庭金融的發展，銀行業的網點優勢能夠讓家庭獲得便捷的金融服務。銀行的網點不單單是進行存貸款的業務，更多的是一個獲取金融服務的窗口，包括代銷基金、保險等金融產品。

## 7.2 金融宏觀調控對家庭金融影響的分析

在之前的分析中，我們分析了通貨膨脹以及各類資產的風險收益特徵對家庭資產結構的影響，在本章中，為了考察金融宏觀調控政策對家庭金融的影響，我們採用之前的數據（央行公布的住戶部門的金融資產流量數據和逐年的房產銷售額）。為了簡化對問題的分析，我們採用流量資產的數據將家庭資產分為兩個類別，即住房資產和金融資產，並核算出每個資產類別的比例，因此分別得到住房資產比例（*housew*）和金融資產比例（*financew*）。同時，我們使用 $M2/GDP$ 來刻畫金融宏觀調控政策的影響，首先 $M2/GDP$ 是一個刻畫經濟貨幣化的指標，貨幣數量論認為貨幣供應增加的速度和 $GDP$ 增加的速度存在著相對穩定的關係，央行可以根據經濟形勢的需要，設定合理的貨幣供應增加速度。當前中國的貨幣政策實施的是反週期的貨幣政策，即經濟低迷的時候，央行傾向於增加信貸供給，向市場釋放流動性，貨幣的供給也隨之增加，因此 $M2/GDP$ 的增加在一定程度上可以反應出貨幣供應的增加。

下面我們重點考察住房資產比例（housew）和 M2/GDP 的關係。在現實經濟中，多數的經濟變量都是非平穩的，因此在迴歸分析中可能導致偽迴歸的現象，從而得到錯誤的估計結果。因此在對變量進行協整分析之前，我們必須對時間序列數據進行單位根檢驗，考察序列是否平穩，只有在序列平穩的情況下才能進行協整分析。具體情況見表 7-1。

表 7-1　　　　　　　　變量的平穩性檢驗結果

| 序列 | ADF 檢驗值 | 1%的臨界值 | 5%的臨界值 | 平穩性 |
| --- | --- | --- | --- | --- |
| housew | -0.827,6 | -3.75 | -3.00 | 非平穩序列 |
| $\Delta housew$ | -7.017 | -3.75 | -3.00 | 平穩序列 |
| M2/GDP | 0.885,9 | -3.75 | -3.00 | 非平穩序列 |
| $\Delta M2/GDP$ | -3.642 | -3.75 | -3.00 | 平穩序列 |

經過實證檢驗，我們得到上述的平穩性檢驗結果，housew 的 ADF 統計量值為-0.827,6。根據 ADF 統計量表：1%顯著水平下的臨界值為-3.75，5%顯著水平下的臨界值為-3.00。因此，不能拒絕存在單位根的原假設，即認為 housew 是非平穩的。M2/GDP 的 ADF 檢驗值為0.885,9，根據 ADF 統計量表，我們同樣不能拒絕存在單位根的原假設，因此認為 M2/GDP 是非平穩序列。因為 housew 和 M2/GDP 都是非平穩序列，所以我們繼續對其一階差分序列進行 ADF 檢驗，$\Delta housew$ 的 ADF 統計量值為-7.017，而根據 ADF 臨界值表 1%的顯著水平為-3.75，因此其在 1%的顯著性水平上拒絕原假設，因而差分後的序列是平穩的。$\Delta M2/GDP$ 的 ADF 檢驗值為-3.642，根據 ADF 統計量表 5%的臨界值為-3.00，因此其在 5%的顯著性水平上拒絕原假設，因而差分後的序列也是平穩的。

下面，我們對 M2/GDP 和 housew 進行格蘭杰因果關係的檢驗。格蘭杰因果關係是指變量時序數據之間「誰先行誰後動」的關係，並不完全等於經濟分析意義上的因果關係。然而因果關係必以先後關係為前提，所以格蘭杰檢驗提供了有助於判斷其真偽的經驗分析證據。進行格蘭杰檢驗時，滯後期長度由平穩性檢驗的 AICC 準則確定，經檢驗，我們選取了一階作為最優滯後期。表 7-2 匯報了我們對 housew 和 M2/GDP 滯後一階的格蘭杰檢驗結果。

表 7-2　　　　　　　　　　　格蘭杰因果檢驗

| 零假設 | F 統計值 | P 值 |
|---|---|---|
| M2/GDP 不是 housew 的格蘭杰原因 | 10.61 | 0.000,4 |
| housew 不是 M2/GDP 的格蘭杰原因 | 0.92 | 0.293,5 |

從表 7-2 中可以看出，格蘭杰因果檢驗結果顯示，M2/GDP 是 housew 的格蘭杰原因，housew 不是 M2/GDP 的格蘭杰原因，即貨幣政策會影響居民住房資產的增加，但是居民住房比例的增加對貨幣政策沒有影響。

從總體上來看，居民住房比例的增加對貨幣政策的影響較弱，這表明了當前的金融宏觀調控政策對家庭資產結構的關注不夠，貨幣政策會影響資產的價格和風險特徵，而這些特徵又會影響家庭對這些資產的持有狀況。因此有關部門在制定金融宏觀調控政策時，應該充分重視並瞭解家庭資產的結構，通過相應政策的落實，改變家庭的資產持有狀況，尤其要解決當前家庭資產結構中住房資產結構比例過高的問題。

為了考察住房資產比例和 M2/GDP 的關係，研究它們之間是否存在長期穩定的關係，需要對住房資產比例和 M2/GDP 的協整關係進行檢驗。所謂協整，是指多個非平穩變量的線性組合是平穩的。對於協整檢驗，主要有兩種方法：一種是基於迴歸殘差的 EG 兩步法協整檢驗，另一種是基於迴歸系數的 Johansen 檢驗。由於只涉及兩個變量，我們採用前一種方法進行檢驗。首先建立模型，用 housew 對 M2/GDP 進行迴歸，如下所示：

$$housew = \alpha + \beta * (M2/GDP) + u_t$$

由上式，我們可以得到如下的估計結果，見表 7-3。

表 7-3　　　　　　　　　　　協整檢驗結果

| 變量 | 系數 | P 值 |
|---|---|---|
| M2/GDP | 0.368,1 | 0.000 |
| 常數項 | −0.281,9 | 0.000 |
| $F = 65.00$, Adj $R$-squared $= 0.780,5$ ||| 

我們對上述估計結果的殘差進行了單位根檢驗，單位根檢驗的 ADF 值為 −2.602，根據 ADF 臨界值表，拒絕了單位根的原假設，認為殘差序列是平穩的。上述結果表明 housew 和 M2/GDP 存在長期的穩定關係。長期來看，M2 占 GDP 比例的增加會導致居民家庭房產比例的增加。為了考察短期兩者的動態

關係，我們建立了誤差修正模型。誤差修正模型（error correction model，ECM）是一種具有特定形式的計量經濟模型。其基本思路是，若變量間存在協整關係，即表明這些變量間存在長期穩定的關係，而這種長期穩定的關係是在短期動態過程的不斷調整下得以維持的。產生上述結果的原因在於，大多數的經濟時間序列的一階差分是平穩序列。短期而言，這些變量之間常常受到某種隨機干擾的衝擊可能不協調而存在偏差，但這種偏差會在以後某時期得到校正。也就是說，變量在本期的變動，會根據上期的偏差的情況進行調整，向其長期的關係進行靠攏。那麼我們可以建立如下式的誤差修正模型：

$$\Delta housew = \alpha + \beta * \Delta M2/GDP + \delta ecm_t + \xi_t$$

在這裡 $ecm_t$ 就是先前協整迴歸式的殘差項，$\Delta housew$、$\Delta M2/GDP$ 分別是 housew 和 M2/GDP 的一階差分，估計可得如表 7-4 所示的結果。

表 7-4　　　　　　　　　誤差修正模型（ECM）

| 變量 | 系數 | P 值 |
| --- | --- | --- |
| $\Delta M2/GDP$ | 0.406,3 | 0.056 |
| $ecm_t$ | 0.641,6 | 0.030 |
| 常數項 | −0.000,06 | 0.997 |
| $F = 3.40$，$Adj\ R\text{-squared} = 0.220,5$ |||

在上述誤差修正模型中，差分項反應了短期波動的影響。住房資產的短期影響可以分為兩部分：一部分是短期貨幣政策波動的影響，另一部分是偏離長期均衡的影響。由上面建立的誤差修正模型可知，誤差修正系數為正，且在 5% 的顯著水平上顯著，說明了協整作用對住房資產的增加起到了正向的修正作用。同時我們也看到 M2/GDP 的增加對住房資產存在正向相關關係，且在 10% 的顯著性水平上顯著。

## 7.3　金融宏觀調控政策下一步的方向

金融宏觀調控政策在推動家庭金融的發展上扮演著重要的作用，結合當前經濟社會的熱點問題以及其對家庭金融的影響，我們分別針對金融市場的監管、貨幣信貸政策、財稅政策指出了下一步的方向，以期解決當前存在的問題，促進家庭金融更好、更快地發展。

### 7.3.1 金融市場監管和貨幣信貸政策

貨幣政策：改善市場預期，明確以市場為主導的地位，終結「剛性兌付」，信貸供給上對小微企業以更大的優惠力度。

加強對影子銀行體系的監管，明確市場的主導作用。影子銀行體系遊離於傳統的金融監管之外，但其仍然扮演著信用創造的功能。高盛高華的研究報告稱：僅僅 2013 年 2~4 月份，影子銀行創造的 $M2$ 就達到了 1.063 萬億元，由此可見其信用創造的能力大幅推高了 $M2/GDP$。在銀行監管力度不斷增大和房地產調控的大背景下，以信託貸款為主導的影子銀行體系為房地產和基礎設施建設提供了融資的支持。影子銀行體系增加的流動性，推高了資產的價格，也為房地產市場的發展提供了資金支持。在這兩種作用的共同主導下，房地產市場的發展得以快速推進，居民對房價持有上漲的預期，因而家庭住房資產的比例也隨之增加。

對待影子銀行的態度，我們應該看到其積極的一面，一方面影子銀行體系增加了金融市場的深度和廣度，其市場化的程度也相對較高，是銀行信用創造體系的一個有力補充。而另一方面由於影子銀行體系遊離於傳統的金融監管之外，貨幣政策對其調節作用有限，再加上其帶有「期限錯配、高槓桿」等特徵，在經濟下行的背景下，容易引發系統性風險，從而導致整個金融體系的不穩定。美國的次貸危機的本質就是影子銀行體系過度發展不受監管的金融創新，在房地產價格大幅下降的情況下，大規模地出現了債務違約的情況。因此，我們應該從美國的經驗中吸取教訓，制定切實有效的手段，加強對影子銀行體系的監管。

在金融市場上，市場應該發揮主導的基礎性作用，防止「剛性兌付」推高無風險利率，讓市場參與的主體都能夠認識到金融產品的風險收益特徵。目前，超日太陽能發行的「11 超日債」出現了 2 期利息延期支付的狀況，這是國內金融市場上首例債務違約。債務違約的出現能夠讓投資者重新評估資產類別的風險收益特徵，釋放潛在的違約風險。同時在監管上，發行主體的冒險行為也應該受到約束，防止增加的槓桿率在經濟下行時引發系統性的金融風險。

中小企業在國民經濟中扮演著重要的角色，其解決了相當一部分勞動力的就業問題。因此在信貸供給的投放上，銀行的信貸資金應該適當向中小企業傾斜，促進中小企業的發展。具體來看，繼續建立和發展中小企業金融服務體系，尤其是大力發展小額貸款公司、村鎮銀行等新型的金融合作機構；同時鼓勵商業銀行的金融創新，大力發展中小企業貿易融資手段以及專門的中小企業

信貸產品。在信用體系的建設上，應該充分考慮到中小企業的特點，建立起專門的信用發布製度。政府應該在擔保、貼息等方面對中小企業予以相應的扶持。

大力推進和發展以「互聯網金融」為代表的普惠金融，2013 年被稱為互聯網金融元年，互聯網的思維方式是突變或者顛覆式創新的，它沒有既定的規則和邊界，衝擊著傳統行業的方方面面；而金融行業的思考方式則是漸變或者演化的，它強調對風險的防控以及對規則和邊界的遵循。當互聯網和金融相遇，就是一種獨特的金融創新，這種金融創新的實質是普惠金融。互聯網金融的實質是借助互聯網的平臺優勢，降低金融產品的交易成本和參與門檻，從而能夠使更多人獲得相應的金融服務。而家庭金融的目標則在於在滿足家庭流動性需求的前提下，實現家庭資產的保值增值，而互聯網金融則為家庭提供了更多可供選擇的資產類別，其增大了家庭對金融市場參與的深度和廣度。

在對互聯網監管層面上，決策層應該充分認識到互聯網金融對家庭金融的作用，在滿足監管規則的前提下鼓勵金融創新。首先，互聯網金融借助互聯網的宣傳平臺優勢，增加了投資者的理財意識，讓更多的家庭獲得了金融投資的知識。以阿里巴巴聯合天弘基金推出的「餘額寶」為例，餘額寶的實質是一款貨幣市場基金，借助於支付寶的支付體系，餘額寶比通常的貨幣基金有著更強的流動性。由於其天然地帶有互聯網的基因，受到了草根階層的推崇和歡迎，一躍成為中國規模最大的貨幣基金，其用戶覆蓋範圍也超億人。這些用戶通過對餘額寶的使用獲得了資產的收益，也強化了投資理財的意識，這為其進一步參與其他金融產品的投資埋下了伏筆。其次，互聯網金融拓寬了家庭理財的渠道，包括 P2P、眾籌等互聯網模式的金融理財方式為家庭提供了更多可選的渠道，一些傳統的金融機構也積極地加入互聯網金融的行列當中。比如傳統的基金公司在淘寶網上進行基金產品的銷售，充分考慮到互聯網用戶的需求，大幅降低了基金產品申購的門檻，讓更多人能夠享受到金融服務。

傳統的金融體系分為兩種：以銀行為主導和以資本市場為主導。而互聯網金融在一定程度上屬於第三類。它們的實質都是降低金融交易參與者信息不對稱，但是和前兩者相比，互聯網金融的交易成本相對較低。互聯網金融的興起在一定程度上促進了金融脫媒，根據我們之前的實證分析，$M2/GDP$ 的增加會讓家庭增加對住房資產的配置。而存貸脫媒則會降低 $M2/GDP$，銀行作為金融仲介，其發揮著信用創造的功能，在這個信用創造的過程中，貨幣流通的數量不斷增加。因此在以直接融資為主導的體系裡，$M2/GDP$ 會相對較低，而以間接融資為主導的體系裡，$M2/GDP$ 相對較高。當前中國 $M2/GDP$ 高企的原因，

一方面在於先前央行寬鬆的貨幣政策，另一方面則由於中國當前仍然以間接融資為主，銀行會派生存款，從而國家的貨幣總量就會相對較大。互聯網金融的發展則會增加直接融資的比例（以 P2P 和眾籌為例），從而會降低 $M2/GDP$，減少銀行的貨幣創造，從而使得家庭部門在住房資產上減少相應的配置。

在充分肯定互聯網金融的積極作用時，我們也應該認識到互聯網金融潛在的風險，由於參與主體分散，監管規則尚未明確，其對金融體系有著潛在的衝擊和影響。監管層應該充分論證互聯網金融產品的可行性，尤其是其潛在的風險屬性，明確其行為的規則和邊界，保證金融體系的平穩運行。

### 7.3.2 社會保障和財政政策

隨著經濟轉型的持續深入，中國經濟增長的速度有所放緩，同時收入分配差距的拉大，尤其城鄉二元經濟的差距，也增加了一系列潛在的社會矛盾，阻礙了社會階層間的合理的流動。財政收入和財政支出都是國家進行收入二次分配的主要手段。稅收是財政收入的主要形式，通過開徵所得稅和增值稅，調節高收入群體和行業的收入分配。財政支出的目的在於為全社會提供公共服務，並通過轉移支付等手段保證低收入群體的生活。為了緩解收入分配不均的問題，政府需要優化財政支出和收入的結構。在財政收入方面，政府應該充分發揮稅收對基尼係數的調節作用，通過設立「遺產稅」等新型稅種改善當前收入不均的局面；另外政府需要增加對弱勢群體的轉移支付，提高對科教文衛事業的財政支出。

隨著城鎮化率的不斷提高，居民對住房一直保持著旺盛的需求態勢。財政政策在新時期很重要的一個目標在於推進住房保障的建設，保障中低收入者的住房供給，並通過一系列財稅手段限制房產投機的蔓延。低收入家庭面臨著購房難、居住條件得不到改善的問題。儘管當前政府在保障房建設上投入了大量的資源，解決了一部分家庭住房的問題，但是這種住房保障的政策仍然有很大的改善空間。

未來政府應該建立起多層次的住房供給體系，居民的住房需求一般包括消費需求、投資需求和投機需求，政府應該對投機需求進行限制，讓住房的功能迴歸到「住」的本質上，同時也需要甄別不同的住房需求來對住房市場進行分類管理。未來的住房供給體系將本著政府保障和市場配置相結合的原則，共有產權房、廉租房、經濟適用房以及二手房市場，住房租賃市場將得到大力的發展，從而滿足居民多樣化的住房需求。在保障性住房上，2007 年國務院發布了《國務院關於解決城市低收入家庭住房困難的若干意見》，意見提出「加

快建立健全以廉租住房製度為重點、多渠道解決城市低收入家庭住房困難的政策體系」。未來住房供給將改變單一的商品房供給體系，供給結構向保障性住房傾斜。由於房地產行業是地方政府的主要財政收入來源，在當前的財稅體制下，地方政府事權和財權的不匹配，導致其有很強的逐利動機。保障性住房短期內會減少財政收入而增加支出，因而政府在保障性住房的建設上缺少激勵。數據顯示，過去 10 年 70% 的土地供給提供給了保障性住房，但保障性住房的職能並沒有充分發揮。製度性腐敗和法律缺失，使得保障性住房並沒有切實改善低收入家庭的住房狀況。政府在未來的住房保障體系改革中，應充分總結過去保障性住房建設當中的問題，從市場管理和法制建設入手，建立保障性住房建設和管理體系。在當前房價高企、收入差距逐步拉大的背景下，政府政策主導的住房體系會進一步向保障性住房傾斜，同時釐清一系列製度，使得保障性住房的建設不單單停留在規劃上，而變成切實的實施結果。未來保障性住房力度將進一步加大，對市場的影響會逐漸顯現，結構的調整也將引起行業主體的變化，商品房的利潤率也將回到合理水平上。因而，住房供給體系的調整將使得中低收入家庭能以更低的成本獲得住房的保障。在鞏固保障性住房的前提下，政府也應該大力推進共有產權房的試點工作，紮實推進共有產權房的建設，保障夾心階層的住房供給。

# 8 結論及政策建議

在過去的幾十年中，隨著經濟以及金融市場的快速發展，世界各國家庭的金融特徵都在不斷地變化。中國在改革開放後，市場經濟不斷發展，各類金融市場不斷完善，隨著收入水平的不斷提高，居民家庭的資產規模也在不斷加大。在家庭的資產選擇方面，也從比較單一的銀行儲蓄逐漸向多元化方向發展，債券、股票、基金都逐漸進入中國家庭的投資範圍。隨著住房市場改革後，住宅逐漸變為市場化供應，伴隨著房地產市場的不斷發展，不斷上漲的房價體現出來的賺錢效應也使得家庭不斷增加對房產的配置，進而越來越多的家庭由於投資房地產形成了住房按揭等不同形式的負債。這幾年，隨著市場資金成本的升高，民間借貸的規模也在不斷壯大，不少家庭又將一些資產投向了民間借貸領域。

總體來看，中國家庭近幾十年呈現出家庭資產多元化的趨勢。但在家庭資產不斷多元化的同時，中國家庭的資產配置狀況依然存在不少的問題。比如存款資產的比重依然過大，不少家庭投資房地產存在過度投資的現象，很多普通家庭在沒有一定金融投資知識累積前過多地盲目投資於證券市場，大部分家庭處於虧損的狀態，不少家庭在對民間借貸的風險一知半解的情況下，盲目將資產投向民間借貸領域，這其中存在很大的投資風險。家庭對其資產配置的安排，對所面對的各種金融風險的把控也就變得越來越重要。

## 8.1 結論

本書從家庭金融研究所涉及的家庭資產配置、家庭負債選擇、家庭投融資風險的防控幾個方面進行了論述，得出下面一些主要的結論。

首先，不同財富群組家庭在家庭資產配置時所受到的外界的影響因素的重要性是不同的。最低財富群組家庭，由於很多來自農村地區，對農村金融服務非常渴求，因為農村地區缺少金融機構網點，與市（縣）中心的距離會顯著

影響最低財富群組家庭持有現金的比例,這反應了金融可得性對家庭資產配置的影響。他們這個群體對家庭金融的安排主要還停留在可以更方便地使用金融機構所提供的服務階段,較低的財富累積使這個群體對如何安排資金在各種金融資產形式上進行更優配置這種需求不高。

中等財富群組家庭是中國中產階級的代表,這個財富群體相對於最低財富群組家庭來說有了一定的財富累積,有試圖參與各種資產投資的需求。這部分群體一般居住在城市或者離城市較近的農村,一般不存在金融可得性的影響,這部分群體有不少想通過投資擴大財富的需求,但受到教育水平等條件的限制,這一群體在投資上有一定的盲目性。比較典型地體現在,通過實證研究我們發現,這部分家庭在民間借貸的投資比例上與民間借貸所表現的利息有很大的相關性,即只要利息承諾得高,家庭就加大對民間借貸的投資,這使得家庭會無形地加大其財務風險。另外這部分家庭的銀行存款比例依然較高,不少家庭都沒有投資到比較容易獲得的相對低風險的普通銀行理財產品這一項目上,也說明了這個群體家庭基本金融知識的欠缺。

最高財富群組家庭,由於分組的定義,最高財富群組是整體樣本中財富分布位於前20%的家庭,並不完全是一般意義上的富翁家庭,不過這部分家庭構成更多是城鎮居民,受教育程度高,對金融市場有一定的參與深度,各類資產的配置相對來講比較均衡。同時家庭對風險的認識也更加明確,能夠主動根據家庭風險偏好以及預期需要來調整家庭的資產配置。這部分家庭需要金融機構針對其家庭特點設計更有針對性的理財計劃,選擇適合其家庭的資產配置方式。

其次,家庭借貸最多的情況是由於投資購買房產形成的負債,而目前不少居民家庭存在對房地產資產超配的現象。過多地投資於房地產資產降低了家庭資產配置的合理性,影響了資產的收益,在不久的將來全面開徵房地產稅收後,房價可能會出現階段性回調,這可能使一些家庭因為過度投資房地產而遭受損失。

而居民家庭對房地產的過度投資形成的房地產投資的超配現象,本書認為很大程度上是由於居民家庭對通貨膨脹的預期推動形成的,家庭對通貨膨脹的預期增加了家庭對房地產資產的需求。對房地產資產的過度需求帶來的大量的購買力推高了房地產資產的價格,使房地產資產在這幾年中表現出很好的賺錢效應,從而進一步造成了很多家庭對這一資產的超配。

再次,股票市場的走勢受到多重因素的影響,投資證券市場需要豐富的專業知識,普通家庭不適於大量直接投資於證券市場。股票市場的收益率受到多

種因素的影響，一些上市公司發行股票也存在將實體經濟累積的收益套現的想法，股票波動的因素較為複雜，這對大部分普遍沒有太多投資經驗和專業知識的家庭來說是較難把握的。另外很重要的一方面，即使扣除手續費和印花稅等稅費的影響，單純看每一筆二級市場上面的股票交易都是零和博弈，即贏家賺的錢就是輸家輸的錢。即使考慮到來自公司的經營分紅，由於存在分紅交易日除權的因素，整體投資者想通過二級市場獲利都是很難的，況且存在每次交易基本都有手續費、印花稅等稅收的提取，所以從整體看，全體投資者在二級市場的單筆交易是很難整體獲利的。

因而對於普通家庭來說，本書認為股票市場更適合那些有一定專業知識和經驗，能夠對金融產品進行合理分析，具有定價判斷能力的家庭進行長期投資，通過長期獲得上市公司的分紅累積，並在二級市場對估計的估值迴歸的推動下來獲得一定的投資收益。對於普通沒有太多投資經驗的家庭，不建議直接投資於股票市場。

最後，家庭收入是目前影響城鎮居民購買商業保險的重要因素，所以隨著居民收入的進一步增加，購買商業保險的行為也會變得更加普遍。另外，擁有社會保險的家庭更傾向於購買商業保險，這說明從政府角度出發的社會保險的建設與同時發展壯大商業保險市場的目標是不相衝突的。

## 8.2 政策建議

第一，繼續增加居民家庭可支配收入，使家庭可以在更大範圍內配置其資源。收入水平依然是制約家庭資產配置、負債選擇、社會保障等各方面的重要因素，所以政府應該通過建立正常工資增長製度，加強收入調控，增加收入向居民家庭部門傾斜，加大力度增加居民財產性收入等各種手段來增加居民家庭的實際可支配收入。從初次分配的角度來看，應該增加居民收入在國民收入分配中的比例，提高勞動報酬在初次分配中的比重，使居民家庭真正地享受到經濟增長所帶來的好處。從再分配的角度，應該再加大力氣減輕中低收入者的稅收負擔並增加對這一群體的轉移支付。

第二，根據中國人口眾多以及發展不均衡的特點，不同財富群組家庭的金融需求是有很大不同的，政府在制定政策時應該依據實際情況制定相關的政策。在農村地區加快對基本金融設施的普及，使農村地區家庭可以享受到基本的金融服務。在城市金融機構發達的地區，可以促進金融機構大力發展針對家庭部門的金融服務業務，包括為普通居民家庭推出適合其投資的金融產品，對

富裕家庭更有針對性地開展私人銀行服務等。

第三，政府應加大對普通居民家庭的基本金融知識的普及教育，可以把金融知識的教育逐漸向基礎教育方向推廣。因為每個家庭無論其處於什麼樣的財富水平，都是有一定的金融需求的，為了其更好地選擇自己所需要的金融服務，合理安排其家庭資產配置，居民家庭需要具備基本的金融知識，包括對金融政策的基本瞭解、對金融市場的一般瞭解、對金融產品的特點的基本熟悉。這對於家庭更好地安排其投資消費等各個方面都是有很大好處的。因為從目前來看，中國家庭整體的金融知識水平不高，很多家庭對基本的可以提高其收入的金融產品都不甚瞭解。如對於不少家庭來說，可以輕鬆地通過把一些存款轉為保本理財產品來提高其財產性收入，而這些家庭因為對金融產品的不瞭解而沒有操作；也有不少家庭對民間借貸的風險知之甚少，導致投入了家庭不少資金到這個領域，然而由於種種原因，某些民間借貸本金無法收回，使一些家庭受到了巨大的損失。這些都需要政府通過各種渠道加大對普通家庭的基本金融知識的普及。

政府也應該加大對金融機構的引導、監管，使其增加社會責任意識，不能單一地以增加利潤為目標。如銀行可以配合政府對居民家庭進行金融知識的普及，推廣其適合普通家庭投資的低風險投資產品，而不應該為了其自身利潤只引導居民家庭做普通儲蓄等低收益的產品；證券基金機構也不應當為了利潤，不分客戶類型、投資週期而隨意向客戶推薦投資產品，導致一些家庭的沒必要的投資損失；保險公司也不應該為了利潤，通過各種手段，甚至欺騙客戶的方式銷售其產品。

第四，在現階段，政府不應該引導廣大普通民眾廣泛地參與證券市場投資，目前中國的證券市場不是一個適合大部分普通家庭投資以總體上獲得財產性收入的市場。由於很多歷史遺留的製度因素等原因，目前中國的證券市場投資價值觀缺乏，短期波動大，投資者賭徒心理較嚴重，機構投資者也沒有真正樹立正確的長期投資價值觀，整個市場的普通投資者損失比例較大，市場整體沒有良好的價值投資理念。在這種情況下，由於大部分家庭不具有專業的投資知識，如果盲目地投資於證券市場，那麼很難在整體上使大部分家庭從這一領域獲得財產性收入。

第五，國家應該繼續加大對房地產市場的調控，改變居民家庭對房地產市場可以輕易投資賺錢的錯誤的認識預期，使居民家庭更加合理地配置其資產。近年來，房地產市場價格不斷上漲，由於已經形成的賺錢效應，不少居民家庭盲目地投資於房地產市場，國家在近年來連續出抬了一些房地產調控措施以抑

制房地產價格的過快上漲。從表面上看，這些措施好像沒有達到調控房價的效果，進而有些出於不同目的的專家認為調控措施沒有價值，建議把房價交給市場使其自由波動，由市場調控，本書認為這是非常不合理的建議。由於中國的房地產市場已經是一個體量比較大的市場，房價的走勢受到多種因素的影響，一些調控措施出抬以後看似沒有使房價馬上下跌，但這並不代表這些調控措施是無用的，因為有些措施是在潛在地起著作用，大部分正確的調控措施都對控製房價起著積極的作用，只是有些效果是逐漸達到的。

第六，房地產市場依然是普通市場的一種，房地產資產也只是一種普通的投資資產，而本書認為沒有任何一種資產是只上漲不下跌的，房地產價格在一定情況下是非常可能進入階段性的下行走勢。如果大部分的普通民眾都由於所謂的通脹預期或房地產在前幾年體現出的大幅賺錢效應而盲目投資房地產的話，那麼當房價下跌的時候，這些過度投資的家庭會承受比較大的損失。而且如果大部分家庭都把資金過度投向房地產市場的話，會影響實體經濟中其他產業的發展，對目前中國經濟結構調整是起到負面作用的。過度的泡沫性投機在泡沫破裂時產生的負面影響是非常大的，比如20世紀80年代末日本房地產市場泡沫破滅所引發的危機，對其經濟發展的影響是巨大的。

第七，應該繼續加大力氣加強社會保障體系的建設，使全體居民家庭得到更好的保障，降低其不確定性，進而培育更積極的消費預期。要做到這點，一是要加快完善社會保障製度。要調整財政支出的方向，加大財政對社會保障體系建設的支持力度，逐步形成「財政主導、全民參與、全民享有」的社會保障體系，從而降低家庭對未來支出的不確定性預期。二是不斷提高社會保障的力度，擴大社會保險規模。把社會保障基金的繳納、使用、發放納入法制化軌道，加強對社會保障資金的管理及使用情況的監督力度。目前，國家已經開始建立全國性的社會保障體系，這是整個社會保障體系的建設與完善的又一步重要舉措。

另外，國家還應該繼續加大推進商業性保險機構的快速發展，商業性保險機構是對社會保障體系的有益補充，它可以更好地為居民家庭提供更完善的保障措施，使居民家庭得到更充分的保障，進而降低其對未來支出的不確定性，從而增加居民消費，優化產業結構，使經濟更好地發展。

# 參考文獻

[1] 雷曉燕, 周月剛. 中國家庭的資產組合選擇: 健康狀況與風險偏好 [J]. 金融研究, 2010 (1): 31-45.

[2] 吳衛星, 徐芊, 王宫. 能力效應與金融市場參與: 基於家庭微觀調查數據的分析 [J]. 財經理論與實踐 (雙月刊), 2012 (7): 31-35.

[3] 李濤, 郭杰. 風險態度與股票投資 [J]. 經濟研究, 2009, (2): 56-67.

[4] 李濤. 社會互動、信任與股市參與 [J]. 經濟研究, 2006, (1): 34-45.

[5] 李濤. 社會互動與投資選擇 [J]. 經濟研究, 2006, (8): 45-57.

[6] 史代敏, 宋豔. 居民家庭金融資產選擇的實證研究 [J]. 統計研究, 2005 (10): 43-49.

[7] 肖作平, 廖理, 張欣哲. 生命週期、人力資本與家庭房產投資消費的關係——來自全國調查數據的經驗證據 [J]. 中國工業經濟, 2011 (11): 26-36.

[8] 華天姿, 王百強. 中國城市居民家庭房產投資行為研究 [J]. 會計之友, 2011 (20): 97-99.

[9] 劉金全, 郭整風. 中國居民儲蓄率與經濟增長之間的因果關係研究 [J]. 中國軟科學, 2002 (2).

[10] 張明. 透視中國居民高儲蓄現象: 效率損失和因素分析 [J]. 上海經濟研究, 2005 (8).

[11] 袁志剛, 宋錚. 人口年齡結構、養老保險製度與最優儲蓄率 [J]. 經濟研究, 2000 (11).

[12] 宋錚. 中國居民儲蓄行為研究 [J]. 金融研究, 1999 (6).

[13] 鄭功成. 中國社會保障改革與未來發展 [J]. 中國人民大學學報 [J]. 2010 (5): 2-14.

[14] 楊波. 貨幣政策變化與家庭金融決策調整 [J]. 南京大學學報, 2012 (4): 68-75.

[15] 徐梅, 李曉榮. 經濟週期波動對中國居民家庭金融資產結構變化的

動態影響分析 [J]. 上海財經大學學報, 2012 (10): 54-60.

[16] 袁志剛, 馮俊. 居民儲蓄與投資選擇: 金融資產發展的含義 [J]. 數量經濟技術經濟研究, 2005 (1): 34-49.

[17] 鄒宏元, 文博. 談中國金融體系的發展方向 [J]. 經濟體制改革, 2005 (2): 142-144.

[18] 範學俊. 金融體系與經濟增長: 來自中國的實證檢驗 [J]. 金融研究, 2006 (3): 57-66.

[19] 林毅夫, 孫希芳, 姜燁. 經濟發展中的最優金融結構理論初探 [J]. 經濟研究, 2009 (8): 4-17.

[20] 許榮, 毛宏靈, 沈光郎. 資本市場發展與家庭金融資產結構變遷互動關係研究——對機構投資者發展的一個理論解釋 [J]. 金融與經濟, 2005 (11): 3-5.

[21] 張海雲. 中國家庭金融資產選擇行為及財富分配效應 [J]. 東北財經大學學報, 2010 (12).

[22] 朱高林. 中國居民家庭債務率攀升及原因分析 [J]. 經濟體制改革, 2012 (4): 27-31.

[23] 何麗芬, 吳衛星, 徐芊. 中國家庭負債狀況、結構及其影響因素分析 [J]. 華中師範大學 (人文社會科學版), 2012 (1): 59-68.

[24] 吳衛星, 徐芊, 白曉輝. 中國居民家庭負債決策的群體差異比較研究 [J]. 財經研究, 2013 (3): 19-29.

[25] 郭新華. 家庭借貸、違約和破產 [D]. 武漢: 華中科技大學, 2006.

[26] 周玲玲. 美國的負債消費與金融危機 [J]. 長春師範學院學報 (人文社會科學版), 2011 (3): 21-23.

[27] 中國家庭金融調查與研究中心. 中國家庭金融調查報告 [M]. 成都: 西南財經大學出版社, 2012.

[28] 周小斌, 耿潔, 李秉龍. 影響中國農戶借貸需求的因素分析 [J]. 中國農村經濟, 2004 (8): 26-30.

[29] 程鬱, 羅丹. 信貸約束下中國農戶信貸缺口的估計 [J]. 世界經濟文匯, 2010 (2): 69-80.

[30] 楊汝岱, 陳斌開, 朱詩娥. 基於社會網路視角的農戶民間借貸需求行為研究 [J]. 經濟研究, 2011 (11): 116-129.

[31] 張兵, 李丹. 社會資本變遷、農戶異質性與融資行為研究——基於江蘇602個農戶的調查分析 [J]. 江海學刊, 2013 (3): 86-91.

[32] 尹書強, 黃四枚. 農村社會人情交往的社會功能分析 [J]. 管理觀察, 2008 (9): 16-17.

[33] 周京奎. 住宅市場風險、信貸約束與住宅消費選擇——一個理論與經驗分析 [J]. 金融研究, 2012 (6): 28-41.

[34] 鄧大鬆, 石靜, 胡宏偉. 農戶健康、保險決策與家庭資產規模——基於交互分析與二元邏輯斯蒂迴歸方法 [J]. 西北大學學報 (哲學社會科學版), 2009 (5): 139-147.

[35] 何興強, 李濤. 社會互動、社會資本和商業保險購買 [J]. 金融研究, 2009 (2): 116-132.

[36] 甘犁, 劉國恩, 馬雙. 基本醫療保險對促進家庭消費的影響 [J]. 經濟研究, 2010 (增刊): 30-38.

[37] 何立新, 封進, 佐藤宏. 養老保險改革對家庭儲蓄率的影響: 中國的經驗證據. 經濟研究 [J]. 2008 (10): 117-130.

[38] 楊立雄. 中國老年貧困人口規模研究 [J]. 人口學刊, 2011 (4): 37-45.

[39] 劉宏, 王俊. 中國居民醫療保險購買行為研究——基於商業健康保險的角度 [J]. 2012 (7): 1525-1548.

[40] 廖理, 張金寶. 城市家庭的經濟條件、理財意識和投資借貸行為——來自全國 24 個城市的消費金融調查 [J]. 經濟研究, 2011 (增1): 17-29.

[41] 盧家昌, 顧金宏. 城鎮家庭金融資產選擇研究: 基於結構方程模型的分析 [J]. 金融理論與實踐, 2010 (3): 77-83.

[42] 陳飛飛. 德國公眾股與個人養老保障 [J]. 財經問題研究, 2011 (6): 120-123.

[43] 柴效武. 關於家庭金融研究的構想 [J]. 當代經濟研究, 2000 (5): 68-69.

[44] 郭新華, 王之堯. 貨幣政策與家庭金融資產異動的關聯: 1997—2009 [J]. 財政金融, 2010 (10): 80-85.

[45] 張誼浩, 方先明. 家庭金融學研究評述 [J]. 經濟學動態, 2008 (5): 120-125.

[46] 何麗芬. 家庭金融資產結構的國際比較及啟示 [J]. 國際經濟合作, 2010 (5): 58-64.

[47] 盧家昌, 顧金宏. 家庭金融資產選擇行為的影響因素分析——基於江蘇南京的證據 [J]. 金融觀察, 2009 (10): 25-29.

[48] 鄭秀君,陳建安. 美國次貸危機與日本泡沫經濟的比較 [J]. 現代經濟探討, 2011 (7): 83-87.

[49] 孔丹鳳. 吉野直行, 中國家庭部門流量金融資產配置行為分析 [J]. 金融研究, 2010 (3): 24-33.

[50] 何麗芬, 吳衛星, 徐芊. 中國家庭負債狀況、結構及其影響因素分析 [J]. 華中師範大學學報 (人文社會科學版), 2012 (1): 59-67.

[51] 陳國進, 姚佳. 中國居民家庭金融資產組合研究 [J]. 西部金融, 2008 (8): 16-17.

[52] 吳衛星, 易盡然, 鄭建明. 中國居民家庭投資結構: 基於生命週期、財富和住房的實證分析 [J]. 經濟研究, 2010 (增刊): 72-82.

[53] 王聰, 張海雲. 中美家庭金融資產選擇行為的差異及其原因分析 [J]. 環球金融, 2010 (6): 55-61.

[54] 許榮, 毛宏靈, 沈光郎. 資本市場發展與家庭金融資產結構變遷互動關係研究——對機構投資者發展的一個理論解釋 [J]. 金融與經濟, 2005 (11): 3-5.

[55] ALLEN, F, D GALE. Limited market participation and volatility of assets prices [J]. The American Economic Review, 1994, 84: 933-55.

[56] BOURASSA S C. The Impacts Of Borrowing Constraints On Homeownership In Australia [J]. Urban Studies, 1995, 32 (7): 1163-1173.

[57] BERTAUT C, M HALIASSOS. Precautionary Portfolio Behavior from a Life – Cycle Perspective [J]. Journal of Economic Dynamics and Control, 1997, 21: 1511-1542.

[58] BARBER B M, T ODEAN. Trading is hazardous to your wealth: The common stock investment performance of individual investors [J]. Journal of Finance, 2000, 55: 773-806.

[59] BAGOZZI R P, BAUMGARTEN J. An investigation into the role of intentions an mediators of the attitude-behavior relationship [J]. Journal of Economic Psychology, 1989, 10 (1): 35-62.

[60] BERNHEIM D, GARRETT, D, MAKI, D. Education and saving: the long-term effects of high school financial curriculum mandates [J]. Journal of Public Economics, 2001, 80 (3): 435-65.

[61] BOGAN V, HAMMAMI S. Credit Card Debt and Self-Control [J]. Working paper in Brown University, 2004.

[62] BERNHEIM B D, GARRETT D M. The effects of financial education in the workplace: evidence from a survey of households [J]. Journal of Public Economics, 2003, 87 (7): 1487-1519.

[63] COCCO J F, GOMES F J, MAENHOUT P J. A two-period model of consumption and portfolio choice with incomplete markets [M]. Kath. Univ: Department Economie, Center for Economic Studies, 1997.

[64] CONSTANTINIDES G M. Capital market equilibrium with transaction costs [J]. The Journal of Political Economy, 1986: 842-862.

[65] COWELL, F A, E FLACHAIRE, Income Distribution and Inequality Measurement: The Problem of Extreme Values [J]. Journal of Econometrics, 2007, 141.

[66] COULIBALY B, LI G. Choice of mortgage contracts: evidence from the survey of consumer finances [J]. Real Estate Economics, 2009, 37 (4): 659-673.

[67] DHAR, RAVI, NING ZHU. Up close and personal: investor sophistication and the disposition effect [J]. Management Science 2006, 52: 726-740.

[68] DAVIS M H A, NORMAN A R. Portfolio selection with transaction costs [J]. Mathematics of Operations Research, 1990, 15 (4): 676-713.

[69] Faig, M, P Shum. Portfolio choice in the presence of personal illiquid projects [J]. Journal of Finance, 2002, 57: 303-28.

[70] GOETZMANN, WILLIAM N, ALOK KUMAR. Equity portfolio diversification [J]. Review of Finance, 2008, 12: 433-463.

[71] GUISO L, SAPIENZA P, ZINGALES L. Trusting the stock market [J]. the Journal of Finance, 2008, 63 (6): 2557-2600.

[72] GARNAVICH P M, JHA S, CHALLIS P, et al. Supernova limits on the cosmic equation of state [J]. The Astrophysical Journal, 1998, 509 (1): 74.

[73] GUISO L, JAPPELLI T, TERLIZZESE D. Saving and capital market imperfections: the italian experience [J]. Scandinavian Journal of Economics, 1992, 94 (2): 197-213.

[74] GROSS D B, SOULELES N S. Do liquidity constraints and interest rates matter for consumer behavior? Evidence from credit card data [J]. The Quarterly Journal of Economics, 2002, 117 (1): 149-185.

[75] HEATON J, LUCAS D. Market frictions, savings behavior, and portfolio choice [J]. Macroeconomic Dynamics, 1997, 1 (1): 76-101.

[76] HEATON, JOHN, DEBORAH LUCAS. Portfolio Choice and Asset Prices:

The Importance of Entrepreneurial Risk [J]. The Journal Of Finance, 2000, 55 (3): 1163-1198.

[77] HONG H, KUBIK J, STEIN J. Social interaction and stock-market participation [J]. Journal of Finance, 2004, 59: 137-163.

[78] HUBBARD R, SKINNER J, ZELDES S. Precautionary savings and social insurance [J]. Journal of Political Economy, 1995, 103 (2): 360-99.

[79] HALIASSOS M, BERTAUT C. Why do so few hold stocks? [J]. Economic Journal, 1995, 105 (432): 1110-1129.

[80] HOLT C A, S K LAURY. Risk Aversion and Incentive Effects [J]. American Economic Review, 2002, 92: 1644-1655.

[81] HALIASSOS M, A MICHAELIDES. Portfolio choice and liquidity constraints [J]. International Economic Review, 2003, 44: 143-78.

[82] JOHN M Q, STEVEN R. Is Housing Unaffordable? Why Isn't It More Afford- able [J]. The Journal of Economic Perspectives, 2004, 18 (1): 191-214.

[83] JENKINS S P. The Distribution of Wealth: Measurement and Models [J]. Journal of Economic Surveys, 1990, 4: 329-360.

[84] JAPPELLI, TULLIO, MARCO PAGANO. Consumption and Capital Market Imperfections: An International Comparison [J]. American Economic Review, 1989, 79 (5), 1088-1105.

[85] LINNEMAN F, S WACHTER. The Impacts Of Borrowing Constraints On Homeownership [J]. Journal Of The American Real Estate and Urban Economics Association, 1989, 17 (4): 389-402

[86] LUSARDI A, MITCHELL O S. Financial literacy and retirement preparedness: evidenceand implications for financial education [J]. Business Economics, 2007, 42: 35-44.

[87] LEVINE R, LOAYZA N, BECK T. Financial intermediation and growth: causality and causes [J]. Journal of Monetary Economics, 2000, 46 (1): 31-77.

[88] LYSSIOTOU PANAYIOTA. Comparison of Alternative Tax and Transfer Treatment of Children using Adult Equivalence Scales [J]. Review of Income and Wealth, 1997, 43 (1): 105-117.

[89] MUELLBAUER, JOHN, ANTHONY MURPHY. Housing Markets and the Economy: The Assessment [J]. Oxford Review of Economic Policy, 2008, 24, 1-33.

[90] MILES, DAVID VLADIMIR PILLONCA. Financial Innovation and Europe-

an Housing and Mortgage Markets [J]. Oxford Review of Economic Policy, 2008, 24: 145-175.

[91] MAARTEN VAN ROOIJ, ANNAMARIA LUSARDI, ROB ALESSIE. Financial literacy and stock market participation [J]. Journal of Financial Economics, 2011, 101: 449-472.

[92] MARKOWITZ H M. Portfolio Selection [J]. Journal of Finance, 1952, 7 (1): 77-91.

[93] MEGBOLUGEBE I F, MARKS A P, SCHWARTZ M B. The economic theory of housing demand: a critical review [J]. The Journal of Real Estate Research, 1991, 6 (3): 381-393.

[94] OTTEN R, M SCHWEITZER. A comparison between the European and the US mutual fund industry [J]. Managerial Finance, 2002, 28: 14-35.

[95] QUADRINI V, J V RíOS-RULL. Understanding the U. S. Distribution of Wealth [J]. Federal Reserve Bank of Minneapolis Quarterly Review, 1997, 21: 22-36.

[96] RAPAPORT C. Housing demand and community choice: an empirical analysis [J]. Journal of Urban Economics, 1997, 42 (2) : 243-260.

[97] RILEY W B, K V CHOW. Asset Allocation and Individual Risk Aversion [J]. Financial Analysts Journal, 1992, 48 (6), 32-37.

[98] REITZ T A. The equity risk premium: A solution [J]. Journal of Monetary Economics, 1988, 22: 117-131.

[99] SMITH B, CAMPELL J M. Aggreation bias and demand for housing [J]. International Economic Review, 1978, 19 (2): 495-505.

[100] SCHUBERT R M BROWN, M GYSLER, H W BRACHINGER. Financial Decision-Making: Are Women Really More Risk-Averse? [J]. American Economic Review, 1999, 89 (2), 381-385.

[101] SARAH BROWN, GALA GARINO, KARL TAYLOR. Household debt and attitudes toward risk [J]. Review Of Income And Wealth, 2013, 59 (2).

[102] SEBASTIAN BARNES, GARRY YOUNG. the rise in us household debt: assessing its causes and sustainability [J]. Bank of England Quarterly Bulletin, 2003: 434-458.

[103] SHAW K L. An Empirical Analysis of Risk Aversion and Income Growth [J]. Journal of Labor Economics, 1996, 14 (4): 626-653.

[104] SHORE S, SINAI T. Commitment, Risk, and Consumption: Do Birds ofa Feather Have Bigger Nests? [J]. Review of Economics and Statistics, 2010, 92 (2): 408-424.

[105] SINAI T, SOULELES N S. Owner-Occupied Housing as a Hedge Against Rent Risk [J]. Quarterly Journal of Economics, 2005, 120 (2): 763-789.

[106] TRACE J, SCHNEIDER H. Stocks in household portfolio: a look back at the 1990s [J]. Federal Reserve Bank of New York, Current Issues in Economics and Finance, 2001, 7 (4).

[107] VON GAUDECKER H, A VAN SOEST, E WENGSTROM. Heterogeneity in Risky Choice Behavior in a Broad Population [J]. American Economic Review, 2011, 101: 664-694.

[108] YAMASHITA T. Owner-Occupied Housing and Investment in Stocks: An Em-pirical Test [J]. Journal of Urban Economics, 2003, 53 (2): 220-237.

[109] YOGO M. A Consumption-based Explanation of Expected Stock Returns [J]. Journal of Finance, 2006, 61 (2): 539-58.

[110] ZINMAN J. Debit or credit? [J]. Journal of Banking & Finance, 2009, 33 (2): 358-366.

# 後　記

　　自從 2011 年就讀博士以來，我就逐漸把研究的重心之一放在了家庭金融與家庭資產配置上，不斷的文獻閱讀與數據收集使我對中國家庭的資產配置的變遷有了一些瞭解，感受到了隨著中國經濟的增長、財富的增加，中國家庭資產配置多樣化的變遷，這些也影響了千千萬萬中國家庭的生活。每個家庭如果能找到自己合適的資產配置路徑對於安排好家庭生活是大有裨益的。

　　就在本書的寫作期間，中國經濟與中國家庭財富又經歷了重要的變化。近年來由於中國經濟轉型，經濟增長逐漸步入新常態，歐美經濟的不景氣對中國經濟的增長產生了間接的影響：外部需求的減弱影響了出口，進而也影響了人民幣的匯率；傳統產業的去產能也影響了投資不能完全再按照以往的模式發展。這些都間接影響到了中國家庭財富結構的變化。而近兩年的一波房地產去庫存的小高潮促進了 M2 的增長，也給一線以及部分二線城市的很多家庭帶來了意外的財富層級的躍升，在全國的家庭中幸運地實現了財富的不經意間的升級。

　　中國家庭財富的變化與中國經濟發展息息相關，家庭在享受經濟增長的同時也通過自身的投資消費促進了經濟的發展。關於中國家庭金融的研究是一個長期且有價值的研究方向，我將繼續努力在這個方向上前行，爭取在今後有更多的收穫繼續與大家分享。

張志偉

國家圖書館出版品預行編目(CIP)資料

中國家庭金融研究 / 張志偉 著. -- 第一版.
-- 臺北市：財經錢線文化出版：崧博發行, 2018.11

　面；　公分

ISBN 978-957-680-261-4(平裝)

1.家計經濟學 2.中國

421.1　　　　107018642

書　　名：中國家庭金融研究
作　　者：張志偉 著
發行人：黃振庭
出版者：財經錢線文化事業有限公司
發行者：崧博出版事業有限公司
E-mail：sonbookservice@gmail.com
粉絲頁　　　　　　網　址：
地　　址：台北市中正區延平南路六十一號五樓一室
8F.-815, No.61, Sec. 1, Chongqing S. Rd., Zhongzheng Dist., Taipei City 100, Taiwan (R.O.C.)
電　　話：(02)2370-3310　傳　真：(02) 2370-3210
總經銷：紅螞蟻圖書有限公司
地　　址：台北市內湖區舊宗路二段121巷19號
電　　話：02-2795-3656　傳真：02-2795-4100　網址：
印　　刷：京峯彩色印刷有限公司（京峰數位）

　　本書版權為西南財經大學出版社所有授權崧博出版事業有限公司獨家發行電子書及繁體書繁體版。若有其他相關權利及授權需求請與本公司聯繫。
定價：350元
發行日期：2018年 11 月第一版
◎ 本書以POD印製發行